곤충은
남의 밥상을
넘보지
않는다

곤충은 남의 밥상을
넘보지 않는다

1판 1쇄 인쇄 2024. 7. 12.
1판 1쇄 발행 2024. 7. 30.

지은이 정부희

발행인 박강휘
편집 태호 디자인 조은아 마케팅 이헌영 박유진 홍보 최정은 송현석
발행처 김영사
등록 1979년 5월 17일(제406-2003-036호)
주소 경기도 파주시 문발로 197(문발동) 우편번호 10881
전화 마케팅부 031)955-3100, 편집부 031)955-3200 | 팩스 031)955-3111

값은 뒤표지에 있습니다.
ISBN 978-89-349-1784-7 03490

홈페이지 www.gimmyoung.com   블로그 blog.naver.com/gybook
인스타그램 instagram.com/gimmyoung   이메일 bestbook@gimmyoung.com

좋은 독자가 좋은 책을 만듭니다.
김영사는 독자 여러분의 의견에 항상 귀 기울이고 있습니다.

손톱만 한 작은 짐승과
30년간 한솥밥 먹은
곤충학자의 이야기

곤충은
남의 밥상을
넘보지
않는다

정부희 지음

Insects Don't Eat Other's Foods

김영사

차례

곤충은 인간에게 그저 사소하고 하찮은 미물로, 대부분의 사람은 이들에 대해 생각할 일은 별로 없을 겁니다. 나아가 많은 사람에게 곤충은 징그럽고 사람에게 그리고 사람이 아끼는 식물에게 피해를 주는 존재라는 이미지가 강합니다. 하지만 곤충은 지구상의 모든 생명체를 유지하는데, 특히 인류 생존에 매우 중추적인 역할을 합니다. 전체 식물의 약 85%를 동물이 중매를 서고, 그 대부분이 곤충에 의해 이뤄집니다. 그뿐 아니라 곤충은 사체나 폐기물 등을 적극적으로 분해하여 모든 생명체가 살 수 있는 환경을 만들고, 먹이 그물망에 필수적인 존재이지요. 곤충은 여전히 자신 나름 살길을 찾아 진화와 생존을 거듭하고 있고, 지구의 환경이 급격하게 바뀌는 속에서도 어쩌면 제일 끝까지 살아남을 존재로 평가되기도 합니다

또한 지구에 출현한 순서로 따지면 곤충은 인간의 대선배입니다. 약 46억 살인 지구의 나이를 24시간으로 환산하면, 곤충이 지구에 출현한 시점은 오후 9시 50분이고, 인간이 지구에 등장한 시점은 오후 11시 58분입니다. 또한 곤충의 습성·건축술·방어술·자손 생산능력·구애 행동·식사법 등은 인간이 이룩한 문명의 뿌리가 되었다는 사실에 놀라움을 금치 못할 때가 많습니다. 그러나 뒤늦게 나타난 인간이 곤충의 삶터를 차지하고 확장하면서 곤충의

비극적인 운명이 시작되었습니다. 그뿐만 아니라 인간은 자기 멋대로 규정지은 편견에 사로잡혀 곤충의 생명권을 손에 쥐고 흔듭니다.

사람들은 뭔가 못마땅한 상대를 향해 미물이란 말도 모자라 '벌레 같은 인간'이라는 말을 곧잘 합니다. 곤충을 하찮고 혐오스러운 존재로 여기는 태도에서 비롯된 말이지만, 사실 곤충 개개의 능력을 놓고 보면 사람과 크게 다를 바 없거나 훨씬 나은 경우도 많습니다. 살기 위해 먹고, 천적을 대비해 방어술을 펼치며, 천적이 나타나면 도망가거나 대항하고, 짝을 찾기 위해 선물을 주거나 노래를 부르거나 춤을 추는 등의 구애 행동을 하며, 자식을 헌신적으로 보살피거나 가끔은 혹독하게 키워내기도 합니다. 이렇게 보면 사람과 별다를 게 없어 보입니다. 그래서 충생을 들여다보면 인간의 삶도 어느 정도 읽히기 마련입니다.

다만 사람과 달리 곤충의 모든 행동은 살아남아 다음 세대를 잇는 일에 집중되어 있습니다. 존엄한 생명을 이어가기 위해 이것저것 따지며 복잡하게 셈하는 인간과 달리, 생존과 번식이라는 목표만 보고 직진할 뿐입니다. 그래서 곤충의 행동은 매사에 진지하고 결정 장애도 없으며 솔직담백하고 순수하지요. 곤충에게 가장 중요한 건 번식과 생존 문제라서 공정과 차별을 운운하는 건 사치에 불과합니다. 사치라기보다 그럴 틈이 없다는 것이 더 정확한 표현일 겁니다. 한순간이라도 경쟁자나 포식자에게 밀린다는 것은 곧 죽음과 가문의 멸망을 의미하기 때문입니다.

인간의 눈으로 보면, 곤충은 태어날 때부터 차별받습니

곤충은 남의 밥상을 넘겨다보지 않는다

다. 흰하루살이는 죽기 전, 전투기에서 미사일 투하하듯 물 위에 4,000개씩이나 되는 알을 쏟아내는데, 이 순간부터 차별이 시작됩니다. 어떤 알이 살아남고 어떤 알이 잡아먹힐지 아무도 모르기 때문입니다. 그저 운에 맡겨야 하는 상황입니다. 알 한두 개라도 물속 바닥에 안착해 살아남을 가능성을 염두에 두고 어미가 알을 많이 낳는데, 자식의 입장에선 태어남 자체가 차별의 출발점인 겁니다.

또 꿀벌은 인간 세상에서 허용하지 못할 성차별을 합니다. 여왕벌은 아들과 딸을, 일벌은 동생을 철저히 차별합니다. 여왕벌은 목적에 따라 딸을 낳고 싶으면 딸이 될 알을 낳고, 아들을 낳고 싶으면 아들이 될 알을 낳을 수 있습니다. 아들을 선호했던 우리의 옛 사회와는 달리, 여왕벌은 딸을 무척 선호해 하루에 2,000개나 되는 딸이 될 알을 낳습니다. 딸은 노동력의 제공자인 일벌이기 때문입니다. 이에 비해 아들은 짝짓기용으로 필요할 때만 낳습니다. 또 여왕벌의 딸인 일벌은 여왕벌이 낳은 동생 벌을 차별합니다. 차별의 도구는 로열젤리입니다. 여왕벌 후보에게만 애벌레 시절 내내 로열젤리를 먹이고, 일벌 후보에게는 대부분 잡꿀만 먹여 여왕과 노동자의 운명을 갈라놓습니다. 왕국을 통치할 강력한 여왕벌을 만들기 위해선 치사해도 어쩔 수 없습니다. 여왕벌이 건강하냐 아니냐에 따라 왕국의 성패가 갈리기 때문입니다. 인간 세상에서도 집단체제보다 원톱체제가 빛을 발할 때가 있는데, 아마 그 유래는 꿀벌의 중앙집권식 시스템에서 나오지 않았을까 생각해봅니다.

곤충만 보면 징그럽다며 질색하는 일부 사람들과 달리, 우리 곤충학자들은 곤충만 보면 입가에 웃음기가 가득합니다. 특히 급속도로 곤충이 사라지고 있는 요즘 시대에 더 그렇습니다. 얼마 전 여러 곤충학자와 함께 합동 곤충 조사를 나간 적이 있습니다. 각자 흩어져 자신의 전공 분야에 속한 곤충을 탐색하고 관찰합니다. 찾고 있던 곤충이나 보기 드문 곤충의 몸짓을 발견하면 바쁘게 카메라 셔터를 누릅니다. 한 연구자가 자신이 찍은 사진이 잘 나왔는지 카메라 화면을 연신 들여다보더니, 갑자기 화색이 돌며 화면에 뽀뽀 세례를 퍼붓습니다. 비록 화면이긴 하나 과연 이 땅에 곤충과 입맞춤할 사람이 몇이나 될까요?

나와 같은 길을 걷는 아들과 함께 곤충을 조사하러 나가는 일이 종종 있습니다. 낮에는 주행성 곤충, 밤에는 야행성 곤충을 만나러 밤낮을 산과 들을 헤매는데, 보고 싶은 곤충을 만날 때마다 말수 적은 아들은 "인생 뭐 있어? 이게 행복이지" 하며 함박웃음을 짓습니다. 그에 비하면 무미건조해 보이지만 나는 곤충에게 호불호가 없습니다. 그저 나에게 곤충은 없으면 안 되는 공기 같은 존재일 뿐입니다.

이 책의 원고를 집필한 지는 꽤 오래되었습니다. 피치 못할 출판사의 일정으로 출간이 늦어져 까마득히 잊고 있던 차에, 출판사에서 디자인을 마친 교열본을 보내왔습니다. 말 그대로 가공되지 않은 '원고'를 보기 좋게 얹혀 편집한 교열본을 읽는 내내 편집자의 능력에 감탄하고, 공기처럼 내 곁을 포위하고 있는 곤충에 또 감탄합니다. 오랜만에 마주한 교열본을 보니 원고 집필할 때와는 전혀 다른 감흥이 돕니다. 그동안 책 속에 나의 인생사, 아니 나의 개인 생활을 불러들인 적이 거의 없습니다. 내 관심은 오로지 충생에 쏠려 있기 때문이지요. 그런데 무슨 맘을 먹었는지 이 책에는 모든 글마다 그간 살아온 소소한 인생 이야기가 나옵니다. 나와 동고동락하는 강아지 이야기에 울컥하고, 만학의 길을 걸으며 고충을 털어놓는 대목에선 두 주먹이 불끈 쥐어지며, 두 아들이 준비한 만두소를 가지고 함께 만두를 빚는 대목에선 마음이 따뜻해지고, 죽음맞이를 미리 준비하셨던 어머니 이야기에선 가슴이 먹먹해집니다. 그 뒤를 이어 경이롭고도 고달픈 곤충의 삶, 즉 충생 이야기가 등장합니다. 자연스레 나의 인생과 충생이 동격화된 걸 보고 나도 모르게 미소가 지어집니다. 내게 곤충은 인성이 부여된 존재인 게 분명합니다.

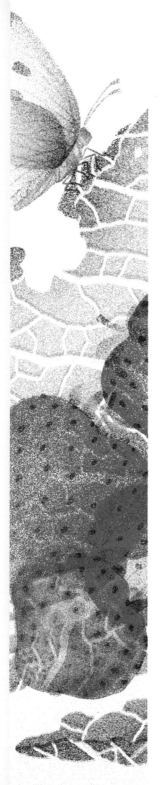

1

—

숨 가쁜
사랑의 노래

✕ ✕ ✕

갖고 싶으면 먼저 줘라

사람 사는 세상에는 기념일이 많습니다. 생일, 결혼기념일, 크리스마스, 사귄 지 백 일 등…. 그때가 되면 우리는 선물을 주고받습니다. 선물을 주고받는 건 항상 즐겁지만, 줄 선물을 고르는 일은 쉽지 않습니다. 그 사람이 무엇을 받으면 좋아할지, 그 사람에게 필요한 것이 무엇인지, 기념이 될 만한 것은 무엇인지 등을 고려해서 선택하려면 머리가 지끈거릴 때도 있습니다. 요즘은 선물의 풍속이 많이 변해 모바일 기프티콘으로 대신하는 일도 많습니다. 나가서 선물을 고르는 수고도 덜어주고, 상대방에게 보내기도 간편해 실용적입니다. 하지만 그 사람이 원하는 것이 무엇인지 고민해서 선물을 고르고 직접 전해주기까지, 그 과정에 담긴 곰삭은 정을 느끼긴 어려워서 조금 아쉽기도 합니다.

곤충도 선물을 주고받을까요? 곤충은 단순한 동물이라 제 몸 하나 건사하기 바빠 대개 상대방에게 뭘 주는 일이 없습니다. 주지도 않지만 남의 물건이나 먹이를 빼앗지 않지요. 하지만 몇몇 곤충은 갖고 싶은 게 있으면 상대방에게 먼저 베풉니다. 보통 수컷이 암컷에게 주는데, 이 선물은 노골적인 대가성을 지니고 있습니다.

오뉴월에 숲길에서 종종 선물을 준비하고 암컷을 기다리는 밑들이 수컷과 마주칠 때가 있습니다. '밑들이'란 하늘을 향해 '밑을 들고 있다'는 뜻으로, 수컷의 배 끝마디가 마치 전갈의 꼬리처럼 위로 치켜들려 있는 모습에서 유래했습니다. 영어 이름도 Scorpionfly(전갈파리)입니다. 이와 달리 암컷의 배 꽁무니는 송곳처럼 뾰족하지요.

밑들이 수컷의 수명은 짧아 길어야 열흘입니다. 이 기간에 수컷에게 주어진 단 한 가지의 임무는 오로지 짝짓기입니다. 그래서 눈만 뜨면 자기 유전자를 남기기 위해 짝짓기할 암컷을 찾아다닙니다. 암컷은 그런 수컷의 심리를 교묘하게 이용하지요. 선물의 품목은 단 한 가지, 먹잇감입니다. 밑들이는 육식성이라 어른벌레 기간에 다른 곤충을 사냥해 영양분을 충분히 섭취해야 하는데, 암컷은 그 먹잇감을 수컷에게 내놓으라고 짝짓기를 무기로 무언

암컷에게 줄 먹이감을 사냥하고 있는 밑들이 수컷

의 압력을 행사합니다.

암컷의 마음을 얻기 위해 수컷은 암컷에게 줄 선물을 준비합니다. 하지만 암컷은 어떤 선물이건 다 받지 않습니다. 여러 조건이 있지요. 선물의 첫 번째 조건은 크기입니다. 선물은 일단 커야 합니다. 선물이 작다면 암컷은 퇴짜를 놓을 겁니다. 또한 암컷은 식사하는 중에만 짝짓기를 허락하기 때문에, 큰 선물을 준비할수록 자기 유전자를 넘겨줄 시간을 많이 확보할 수 있습니다.

그래서 수컷이 나방이나 나비의 애벌레, 죽은 곤충 등 적당한 먹잇감을 발견하면, 그 앞에서 떡 버티고 서서 아무도 건들지 못하게 지킵니다. 그리고 암컷에게 선물을 보여주기 전에 먼저 음식에 주둥이를 처박고 맛봅니다. 모든 준비가 완료되면 수컷은 암컷을 유혹하기 위해 페로몬을 내뿜습니다. 잠시 후 어디선가 수컷의 페로몬 냄새에 이끌린 암컷이 포르르 날아옵니다. 수컷과 멀찍이 떨어져 앉아 수컷이 마련한 선물을 심사합니다. 수컷은 암컷의 심사 결과를 초조하게 기다립니다.

드디어 심사 통과! 선물이 맘에 들었는지 암컷은 조심조심 수컷이 지키고 있는 선물로 다가가 곧바로 주둥이를 푹 찔러 넣고 식사를 시작합니다. 선물 증정식은 '밀당' 과정 없이 싱겁게 끝나버렸고, 수컷은 바로 '이때다' 하며 짝짓기에 들어갑니다. 선물을 구하기까진 힘든 노력이 들어가지만, '갖고 싶으면 먼저 줘라'란 수컷의 작전은 일단 성공한 것 같습니다.

암컷이 선물만 보고 수컷의 구애를 받아들인 것 같지

짝짓기를 하고 있는 밑들이

만, 따지고 보면 암컷도 실속을 차린 겁니다. 암컷의 입장
에서는 먹이 구하는 시간을 절약하고, 질 좋은 먹잇감으
로 영양을 보충해 건강한 자손을 낳을 수 있어 좋습니다.
선물을 준 수컷 역시 자기 유전자를 남길 기회를 얻었으
니, "누이 좋고 매부 좋고"란 속담에 딱 들어맞습니다.

춤파리 수컷도 선물 주는 데 일가견이 있습니다. 보통 춤
파리(파리목 춤파리과)들은 암컷의 환심을 사기 위해 다양
한 몸동작으로 춤을 춥니다. 일개 곤충의 몸으로 춤추며
구애하는 것도 대단한데, 어떤 종은 그보다 더 진화된 방
식으로 암컷을 유혹합니다. 힐라라Hilara 속의 어떤 춤파
리 수컷은 짝짓기 전에 춤추는 건 기본이고, 상대가 좋아
할 만한 선물을 합니다. 곤충에게 최고의 선물은 먹을거
리인데, 이 수컷들도 작은 곤충을 잡아 와서 암컷이 잘 알

아볼 수 있게 보여줍니다. 그러고는 날개를 요란스럽게 흔들며 춤을 춥니다. 암컷은 수컷의 춤 공연과 선물이 맘에 들면, 음식을 맛있게 먹는 것으로 합격 사인을 보냅니다. 수컷은 기쁨의 세리머니를 잠시 뒤로 미루고, 번갯불에 콩 볶아 먹듯 재빠르게 짝짓기에 성공합니다. 어떤 종은 한술 더 떠 몸에서 분비한 실 같은 것으로 선물을 정성껏 포장해서 줍니다. 그렇게 하면 암컷이 포장 꾸러미를 풀고 먹기까지 시간이 오래 걸리므로, 수컷의 처지에선 짝짓기 시간을 많이 확보할 수 있어서 이득입니다.

뛰는 놈 위에 나는 놈도 있습니다. 선물을 좋아하는 암컷의 심리를 이용해 사기 치는 춤파리 수컷도 생겨납니다. 이 수컷 역시 정성껏 포장한 선물 꾸러미를 암컷에게 보여주며 열정적으로 춤을 춥니다. 수컷의 유혹에 홀딱 반한 암컷은 선물을 넙죽 받아서 포장을 뜯기 시작하는

선물을 받은 암컷과 짝짓기하는 수컷 춤파리

곤충은 남의 밥상을 넘보지 않는다

데, 이게 웬일입니까! 선물 꾸러미 속에 선물이 없습니다. 하지만 이미 수컷은 암컷과 짝짓기에 성공하고 날아가버렸으니, 사기당한 암컷은 억울해 울고 싶은 심정입니다.

곤충에 비해 식물은 마음이 너그러워 곤충에게 무조건 퍼주길 좋아합니다. 식물은 '엽록체'라는 하늘이 내린 선물을 가지고 있어 광합성을 할 수 있습니다. 광합성의 산물인 산소와 영양분은 지구의 모든 생물을 살리는 원동력입니다. 특히 곤충은 식물의 최대 수혜자입니다. 곤충은 태생적으로 스스로 영양물질을 만들어낼 수 없습니다. 그래서 곤충은 눈만 뜨면 식물을 먹습니다. 잎이든 줄기든 나무껍질이든 꽃이든 가리지 않고 자신의 입맛과 식성에 맞춰 식물의 각 부위를 먹어댑니다. 초식성 곤충은 곤충의 30%를 차지하고, 나머지 육식성 곤충들도 결국 초식성 곤충을 잡아먹기 때문에, 결과적으로 곤충은 식물에 전적으로 의존하고 있다고 할 수 있습니다. 어찌 보면 곤충을 살리고 죽이는 칼자루는 식물의 손아귀에 들어 있는지도 모르겠습니다.

식물도 살아남아 꽃을 피워 자기 유전자를 남겨야 하는데, 곤충들이 빌붙어 사니 환장할 노릇입니다. 그래서 줄기에 수많은 가시를 달아보기도 하고, 잎사귀에 털을 잔뜩 내기도 하며, 온몸에 독을 품어보기도 하지요. 하지만 물러설 곤충이 아닙니다. 곤충에게는 죽느냐 사느냐가 걸려 있는 문제이기 때문입니다. 이제 식물이 할 수 있는 일은 '밥 퍼주는 일'입니다. 식물은 광합성을 더 많이 해서 자신에게 필요한 양보다 더 많은 영양분을 만들어냅니다. 잎을 더 많이 만들고, 줄기도 더 많이 내어 곤충을 품어 안습니다. 그게 식물 자신도 살고 곤충도 사는 길입니다. 다행히 곤충은 식물의 중매쟁이가 됨으로써 밥값을 제대로 합니다. 결과적으로 식물은 곤충에게 먼저 밥을 주고, 곤충은 식물에게 번식 과정에 꼭 필요한 중매를 해줍니다.

많은 사람은 대가 없이 선물을 주고받기도 합니다. 대가를 의무적으로 치러야 하고 그 대가가 부담으로 작용한다면, 그건 선물이 아니라 뇌물입니다. 인간 세상과 곤충 세상은 모든 행동 하나하나가 번식과 생존에 직결됩니다. 아무 대가를 바라지 않고 오로지 순수한 마음으로 상대방을 먼저 배려하는 것은 적어도 포유동물 이상에서나 볼 수 있는 행동입니다. 생존이 지상 최대 과제인 곤충에게 선물의 순수성을 기대하는 것 자체가 반칙입니다.

장단점은 동전 앞뒤와 같아

인생사 새옹지마塞翁之馬란 말처럼 세상일은 변화가 많아 어떤 것이 좋거나 나쁜 것이 될지 예측하기 어렵습니다. 살다 보면 먹구름이 햇빛을 가리기도 하고, 햇빛이 먹구름을 뚫고 나오기도 합니다. 내 인생도 그랬습니다. 어렸을 적 꿈은 영어 교사여서 영어교육과에 진학해 교사자격증을 땄습니다. 교사의 꿈이 실현되나 싶었는데, 이러저러한 이유로 교사 직업을 포기하고 지금은 곤충학자의 길을 가고 있습니다. 인문학 골수분자가 생물학 분야로 전공을 바꾼다는 건 가시밭길을 걷는 것처럼 험난한 일입니다. 삶의 이치가 그렇듯, 이런 내 선택에도 양면성이 존재합니다. 원래 꿈대로 영어 교사를 했더라면 외경심 가득한 자연 세계와 담을 쌓고 살았겠지만, 사람 마음을 따스하게 읽어내는 능력은 지금보다 탁월했을 겁니다. 지금은 곤충학자가 되어 생명의 경이로움에 취하는 일, 즉 곤충일 말고는 할 줄 아는 게 거의 없습니다. 외골수라는 단점이 있지만 곤충과 놀 때 즐거우니 진로를 변경해서 그리 손해 본 건 아닙니다.

여름 숲속 나뭇진에 매력적인 뿔을 가진 장수풍뎅이가 모입니다. 뿔은 수컷에게만 달려 있으며, 머리에 하나, 앞가슴판에 하나, 총 2개입니다. 앞쪽으로 쭉 뻗어 있는 머리

뿔은 짝짓기를 위한 결투용입니다. 수컷끼리 일대일 결투를 벌여 이기는 놈이 암컷에게 선택받을 수 있습니다. 수컷 두 마리가 마주합니다. 먼저 온 수컷이 나중에 온 수컷을 지렛대로 돌멩이를 들어 올리듯 번쩍 들어 내동댕이칩니다. 제대로 굴욕당한 놈은 몸을 바로 하고는 역공할 준비에 들어갑니다. 그렇게 한참 동안 수컷들은 누가 더 힘이 센지 치고받으며 싸웁니다. 엎치락뒤치락, 버둥버둥 아주 난리입니다. 여기서 지면 후손을 남길 수 없으니 양쪽 모두 쉽게 물러서지 않습니다.

힘겨운 결투가 끝나 최종 승자가 된다 해도 마지막 관문이 남아 있습니다. 암컷의 선택을 받아야 합니다. 수컷끼리의 결투는 예선전이고, 암컷에게 선택받는 게 본선입

장수풍뎅이

니다. 암컷은 대개 수컷의 뿔에 주목합니다. 대개 뿔이 맘
에 들면 짝짓기에 응하지요. 수컷은 짝짓기를 통해 정자
를 넘겨주면 끝이지만, 암컷은 그 정자를 수정시켜 건강
한 알을 낳아야 합니다. 그래서 건강한 유전자를 지닌 수
컷을 선택하는데, 그 가늠자는 뿔의 크기입니다. 그러니
앞으로 수컷의 뿔은 더욱더 커질 가능성이 높습니다.

사슴벌레의 뿔도 짝짓기에 중요한 무기입니다. 사슴벌레
수컷의 뿔은 집게처럼 생겼는데, 뿔 안쪽에 맹수의 이빨
같은 돌기들이 있어 위엄이 넘칩니다. 사슴벌레 수컷도
암컷에게 선택받으려고 수컷끼리 뿔로 치고받으며 싸우
고, 싸움에서 이긴 수컷은 암컷의 심사를 기다립니다. 옆
에서 수액을 마시며 결투를 지켜보던 암컷은 두말없이 이

톱사슴벌레

긴 수컷을 신랑감으로 점찍습니다. 수컷은 암컷에게 위풍 당당하게 다가가 짝짓기 준비에 들어갑니다. 결국 수컷은 강하고 큰 뿔을 가진 덕분에 자기 유전자를 무사히 남길 수 있었습니다.

이렇게 우람하고 멋진 뿔이 장점으로만 작용하지 않습니다. 동전의 양면처럼 때로는 그 장점은 단점이 되기도 합니다. 사실 장수풍뎅이나 사슴벌레처럼 우람한 뿔을 달고 사는 건 생존에 매우 불리합니다. 먼저 뿔이 크니 천적에게 들키기 쉽고, 천적을 만나 피한다 해도 뿔의 구조가 복잡해 나무껍질 속으로 잘 숨지 못합니다. 또 머리에 붙어 있는 뿔 때문에 식사하기도 불편하고, 이동하기도 쉽지 않습니다. 그럼에도 뿔이 커야 하는 이유는 단 하나입니다. 암컷의 선택 조건이 우람한 뿔이기 때문입니다. 어떻게 하든 암컷에게 선택받아 대를 이어야 하므로 불편을 감수해야 합니다. 어쩌면 아일리쉬 엘크처럼 뿔이 이들의 멸종을 부추길지도 모르겠습니다. 이기적인 유전자는 몸의 생존을 원하는 게 아니라 유전자의 생존을 원하기 때문입니다. 수천 년 후 이 뿔의 진화 방향이 어느 쪽으로 향할지 몹시 궁금합니다.

아일리쉬 엘크는 인류가 생겨나기 전인 40만 년 전에 출현해 1만여 년 전에 사라졌습니다. 바이칼 호수에서 아일랜드까지 유라시아 전역에 살았는데, 몸무게가 600킬로그램이 될 정도로 몸집이 컸습니다. 몸길이는 3미터고 어

클리블랜드 자연사 박물관에 전시된 아일리쉬 엘크의 뼈대

깨높이는 2미터라 하니, 얼추 코끼리만 한 몸집입니다. 더 놀라운 건 뿔의 크기입니다. 뿔의 너비는 3~4미터, 뿔의 무게는 45킬로그램이라고 합니다. 뿔은 높은 지위를 과시하고 암컷의 환심을 사는 데 일등 공신의 역할을 합니다. 아이러니하게도 이렇게 우람한 뿔이 멸종의 화근이 될 줄 누가 알았을까요? 수컷끼리의 경쟁이 치열해질수록 뿔은 우람해집니다. 하지만 뿔이 어느 이상 커지면 수컷들의 생존력에 빨간불이 켜지지요. 무거운 뿔 때문에 포식자를 만나도 민첩하게 도망칠 수 없기 때문입니다. 그렇다고 해도 우람한 뿔을 포기할 수 없습니다. 암컷의 선택을 받아야 하기 때문입니다. 즉 우람한 뿔을 가진 수컷은 생존력이 떨어지고, 뿔이 작아 생존력이 높은 수컷은 암컷의 선택을 받지 못해 유전자를 남길 수 없습니다. 결국 이런 딜레마적 상황 때문에 멸종의 길에 접어들었을 겁니다. 곤충이나 동물의 뿔은 겉보기엔 멋지고 우람하지만, 한편으론 그 뿔 속에 멸종의 씨앗이 숨어 있습니다.

사랑한다면 춤을 춰라

일하다 지칠 때면 긴장감을 풀기 위해 종종 다큐멘터리나
영화를 봅니다. 최근에 넷플릭스에서 〈새들과 함께 춤을
Dancing with the birds〉을 봤는데, 여러 번 봐도 너무 재밌습
니다. 무대는 세계에서 두 번째로 큰 섬인 뉴기니섬이고,
주연은 아름다운 새들입니다. 각자의 개성을 드러내며 춤
추는 새들의 몸짓과 깨알 같은 해설, 유쾌한 배경 음악과
수준급인 화질이 완벽하게 어우러집니다. 그곳에 사는 뇌
쇄적인 새들은 기이한 사랑 춤을 춥니다. 마치 더듬이 같
은 긴 깃을 흔드는 새, 부러진 나무 말뚝을 폴대 삼아 춤추
는 새, 멋진 집을 만들고 집 주위를 뱅뱅 도는 새, 팀을 이
뤄 환상적인 칼군무를 추는 새 등이 암컷에게 선택받기
위해 애타는 구애의 몸짓을 선보입니다.

  그중 몸 색깔이 수수한 맥그레거바우어는 암컷에게 환
심을 사려고 둥지를 짓는 데 온 힘을 쏟습니다. 암컷이 둥
지를 크게 만드는 수컷을 좋아하기 때문입니다. 수컷은
나뭇가지를 잘라 둥지를 짓는데, 몸집은 25~30cm로 작
지만 무려 8미터 높이까지도 지을 수 있고, 그런 집을 완
성하기까지 무려 7년이 걸리기도 한다니 놀랍습니다. 모
난 부분이나 튀어나온 부분을 부리로 잘라내면서 나뭇가
지를 정교하게 쌓아 올립니다. 때때로 다른 수컷이 찾아
와 집을 망가뜨리기도 하지만, 금세 빠른 몸놀림으로 집

을 수리합니다. 또 멧돼지가 와서 집 아래의 땅을 파헤치려 하면 사나운 맹수 소리나 개 짖는 소리를 내서 멧돼지를 쫓아내기도 합니다. 마무리 단계에선 크리스마스트리에 장식물을 달 듯, 열매들을 따다 나뭇가지에 치렁치렁 걸어둡니다.

여기까지가 예선이고, 본선은 이제부터입니다. 본선을 통과해야 할 종목은 암컷을 유혹하는 기술입니다. 우선 암컷을 유혹하기 위해 여러 노래를 부릅니다. 숲속의 소

맥그레거바우어 수컷이 만든 둥지

곤충은 남의 밥상을 넘보지 않는다

리, 나무 베는 소리, 아이들이 노는 소리까지 다양합니다. 곧이어 이 신기한 노래를 듣고 암컷이 날아옵니다. 수컷은 둥지를 뱅뱅 돌면서 암컷과 술래잡기를 합니다. 20분 이상 스텝을 밟으며 암컷의 애를 태우지요. 그리고 동공을 줄였다 늘였다 하며 암컷을 집 안으로 유인하고 멋진 머리 깃을 왕관처럼 펼치며 춤을 춥니다. 너무 들이대는 수컷이 부담스러웠는지 암컷이 도망가려 하자, 다시 수컷은 입에 파란색의 장식물을 물고 암컷을 유혹합니다. 마지막으로 수컷은 엉덩이를 시계 방향으로 느릿느릿 돌리며 관능적인 춤을 춥니다. 지성이면 감천입니다. 수컷의 정성이 하늘에 닿아 드디어 짝짓기에 성공합니다. 수컷은 세상에 태어나 처음이자 마지막으로 아버지의 역할을 합니다.

곤충 세계에도 드물게 사랑을 위해 구애춤을 추는 곤충이 있습니다. 하루살이의 군무가 잘 알려져 있습니다. 1년에서 3년 동안 물속에서 사는 애벌레가 어른벌레로 우화해 육상에 상륙하면 바로 춤출 채비를 합니다. 주둥이가 퇴화되어 먹지 못하니 어른벌레는 오로지 짝짓기만을 위해 노력합니다. 이렇게 보면 수컷의 유일한 존재 이유는 짝짓기의 성공이고, 암컷의 존재 이유는 짝짓기 후 물속에 알을 낳는 겁니다. 목숨이 허락한 날이 많지 않은 데다 먹지 않으니, 수컷과 암컷은 만날 기회가 많지 않습니다. 결국 하루살이들은 성공적인 만남을 위해 축제를 엽니다. 수컷 수백 마리가 떼 지어 습지 주변의 목표물에 모입니

하루살이류

다. 위쪽으로 재빨리 상승 비행을 하다가 아래쪽으로 유
유히 하강 비행을 반복합니다. 이렇게 집단으로 춤을 춰
야 암컷의 눈에 잘 띕니다. 즉 홀로 암컷을 찾아다니는 것
보다 짝짓기에 성공할 확률이 높지요.

이윽고 암컷들은 수컷들의 군무를 구경하다 수컷 하루
살이 떼를 향해 날아갑니다. 이때 수컷들은 재빨리 암컷
에게 날아가 짝짓기에 성공합니다. 하지만 짝짓기 후에
곧 죽게 되니 수컷의 운명도 참 안타깝습니다. 사실 하루
살이의 군무는 위험하기 짝이 없습니다. 포식자에게 자신
을 무모하게 드러내는 꼴이기 때문입니다. 언제 포식자에
게 잡아먹힐지 모릅니다.

파리목 가문 식구인 깔다구도 군무를 춥니다. 수컷은 하

하루살이류 군무

루살이처럼 짝짓기 전에 수백 마리가 떼로 모이는데, 이역시 암컷의 눈에 잘 띄기 위해서입니다. 이들은 주로 알을 낳을 장소인 습지 주변에 있는 특정 목표물에 잘 모입니다. 그 목표물은 나무 기둥, 쌓아놓은 볏집단, 심지어 사람이 되기도 합니다. 깔다구에게는 나무 기둥, 볏집단, 사람 모두 그저 자신들이 모이는 표지물인 거지요. 수컷은 이를 보고 찾아온 암컷을 만나 짝짓기에 성공합니다.

꿀벌의 춤도 많이 알려져 있습니다. 비록 짝짓기를 위한 구애춤은 아니지만 가족들을 위한 사랑의 춤을 춥니다. 여왕벌과 수벌은 춤을 추지 않지만, 일벌은 꽃이 많은 장소를 발견하면 집으로 돌아와 춤을 추며 동료에게 꽃이 피어 있는 위치에 대한 정보를 알려줍니다. 꽃밭이 100미터 이내 가까운 곳에 있으면 원형 춤을 추고, 100미터 이

깡충거미의 구애 춤

곤충은 남의 밥상을 넘보지 않는다

상 먼 곳에 꽃밭이 있으면 8자춤을 추어 거리와 방향을 동시에 알려줍니다.

놀랍게도 구애춤을 추는 거미도 있습니다. 수컷이 성체가 되면 암컷을 찾아가 구애하는데, 깡충거미, 늑대거미, 스라소니거미 같은 배회성 거미가 그렇습니다. 이들은 암컷의 환심을 사기 위해 더듬이다리와 앞다리를 박자에 맞추듯 위아래로 움직이며 춤을 춥니다. 어떤 종류는 발돋움까지 하고 배를 마구 흔드는데, 그 모습이 마치 하와이의 훌라댄스를 추는 것 같습니다.

수컷 대부분은 자기 유전자를 남기기 위해 다양한 노력을 합니다. 선물을 주기도 하고, 적극적으로 춤을 추어 암컷의 마음을 사기도 합니다. 그런 과정이 있어 지구에 수많은 생명이 존재하는 것이니, 모든 생명체의 지상 과제는 번식임이 틀림없습니다. 사람들도 명예, 돈, 권력, 학벌 등 현실적인 조건들을 배제하고, 곤충이나 새들처럼 춤만으로 사랑을 얻는 날이 오길 꿈꿔봅니다.

굴복은 정말 패배일까?

아픈 역사를 품고 있는 남한산성에는 어귀마다 많은 곤충이 터를 잡고 살고 있습니다. 따스한 봄날, 곤충 탐사를 하며 남한산성 길을 절반 정도 걸으니 한나절이 지났습니다. 서울을 향해 걷는데 저 멀리 석촌호수가 보입니다. 아픈 역사를 알기나 하는지 그곳엔 123층짜리 롯데월드타워가 거대한 이쑤시개처럼 우뚝 서 있습니다.

조선의 역사에서 가장 치욕적인 사건은 아마도 삼전도에서 굴복한 삼배구고두례三拜九叩頭禮가 아닌가 합니다. 병자호란이 일어났을 때, 조선의 16대 임금인 인조는 청군을 피해 강화도로 피신하려고 했지만 실패합니다. 가까스로 남한산성에 들어와 47일을 버티다, 결국 청 태종에 항복하고 맙니다. 패자가 치러야 할 대가는 잔혹합니다. 인조는 남한산성 문을 나와 지금의 잠실 지역인 삼전도에서 여진족의 의식에 따라 청 황제에게 세 번 머리를 땅에 찧으면서 절하고 아홉 번 머리를 조아리는 굴욕적인 예를 치릅니다. 이걸로 끝난 게 아닙니다. 청의 요구에 따라 삼전도에 청 태종의 승첩비, 지금의 삼전도비를 세웁니다.

사람에게 굴복은 패배의 상징처럼 보이는데, 동물에겐 어떨까요? 반려동물에 대한 관심이 많아지면서 텔레비전에도 반려동물 관련 프로그램이 우후죽순으로 생겨납니다. 훈련사, 수의사들이 등장해 동물의 행동을 조금이나

마 해석할 수 있게 도와줍니다. 강아지가 자신보다 힘센 동물을 만나면 본능적으로 꼬리를 말며 발라당 누워 배를 보입니다. 자신보다 높은 서열의 상대를 진정시키기 위해 자신의 서열이 낮다는 걸 쿨하게 인정하고 굴복하는 행동입니다. 물론 키우는 사람에게 배를 보인다면 그 사람을 무한히 신뢰한다는 애정 표현이라고 합니다.

곤충 세계에도 살아남기 위해 굴복하는 경우가 있습니다. 내가 생각하기에 그중 일등은 암컷 잠자리입니다. 짝짓기할 때가 다가오면, 우선 수컷은 배 끝에 있는 정자를 복부 중앙(2~3번째 배마디)에 있는 정자보관소(보조 생식기)로 옮깁니다. 그런 후 암컷을 발견하면 암컷에게 돌진해 배 끝에 있는 갈고리 같은 교미 부속기(파악기)로 다짜고짜 암컷의 머리를 움켜쥡니다. 암컷에겐 굉장히 굴욕적일 것 같은데, 신기하게도 암컷은 아무런 반항을 하지 않습니다. 반항은커녕 수컷이 이끄는 대로 매달려 날아갑니다. 수컷은 암컷을 끌고 날아다니다가 안전한 곳에 앉아 본격적으로 짝짓기를 합니다. 암컷은 배를 한껏 둥글게 구부려 수컷의 배 중앙에 있는 정자보관소에 생식기를 갖다 댑니다. 그러면 몸이 수레바퀴나 하트 모양이 되는데, 이때 정자가 암컷의 몸속으로 들어갑니다. 이런 짝짓기 자세는 다른 곤충에서 쉽사리 찾아볼 수 없을 정도로 희귀합니다.

　정자를 넘겨받은 암컷은 알을 낳아야 합니다. 그런데 짝짓기가 끝났는데도 암컷의 굴욕은 계속됩니다. 수컷은

배 속 가득 사랑을 품고

고추좀잠자리의 짝짓기

암컷의 머리를 잡은 채 연못으로 날아갑니다. 연못에 도착한 후 수컷은 산란할 장소를 물색합니다. 수컷은 배 끝에 매달린 암컷이 물풀 위에 잘 착륙하도록 균형을 잡으며 공중에 멈춰 있습니다. 암컷은 배 끝의 산란관을 물속 식물 조직 속에 집어넣고 수중 분만을 합니다. 여기서 끝이 아닙니다. 1차 분만 후에도 여전히 수컷은 암컷을 끌고 바로 옆에 있는 식물로 날아가 2차 분만 작업을 돕습니다. 이렇게 수컷은 암컷이 알을 다 낳을 때까지 여기저기 끌고 다닙니다. 왜 그럴까요? 한마디로 '정자 경쟁'을 하는 겁니다. 다른 수컷이 접근하지 못하도록 아예 신부를 데리고 다니는 거지요.

때때로 나중에 짝짓기하는 수컷 잠자리가 앞서 짝짓기한 수컷의 정자를 파내고 자기 정자를 넣기도 합니다. 수컷 생식기 끝에는 돌기가 있어 먼저 짝짓기한 수컷의 정

곤충은 남의 밥상을 넘보지 않는다

암컷의 머리를 잡고 있는 수컷 날개띠좀잠자리

자를 마치 파이프 청소하듯이 긁어낼 수 있습니다. 또 어떤 때는 먼저 짝짓기한 수컷의 정자를 구석으로 밀쳐낸 후 자신의 정자를 넣기도 합니다. 사람의 눈으로 보면 정말 파렴치한 행동이지만, 수컷 잠자리에겐 치열한 전투 없이 무혈 입성해 자기 유전자를 퍼뜨릴 수 있는 좋은 방법입니다. 암컷의 입장에서 자신의 몸속에 이미 들어와 있는 정자를 긁어내거나 밀어내는 행동이 굉장히 불쾌할 것 같은데, 거부하지 않는 걸 보면 오랜 시간 그렇게 진화되어온 것 같습니다.

사람과 달리 곤충의 암컷은, 수컷에게서 받은 정자를 보관하는 주머니인 수정낭을 가지고 있습니다. 대개 곤충의 암컷과 수컷 모두 다회교미를 하는데, 여러 수컷의 정자는 암컷의 수정낭에게 차곡차곡 쌓입니다. 암컷은 알을 낳을 때마다 수정낭에 들어 있는 정자를 이용해 수정란을 만듭니다. 그러니 암컷의 수정낭의 입구에 있는 정자가 수정 우선권을 갖습니다. 쉽게 말하면 맨 마지막에 짝짓기한 수컷의 정자에게 최우선권이 있습니다. 그래서 수컷들은 자신이 마지막이 되길 바라는 마음에 암컷을 꽉 붙잡고 다니고, 남의 정자를 파내거나 밀어내는 겁니다.

사람에게 굴욕적으로 보이는 수컷 잠자리의 행동이 암컷에겐 기사도 정신의 소유자처럼 보일지도 모릅니다. 천적이 들끓는 자연 생태계에서 암컷 홀로 알을 낳는 일에는 언제나 위험이 도사리고 있습니다. 알을 낳다가 새, 거미, 벌, 개구리 같은 천적에게 잡아먹힐지 모릅니다. 암컷 입장에서는 수컷을 보디가드로 고용해 무사히 알을 낳을 때까지 보호받으면 이익이 매우 큽니다. 어쩌면 수컷에게 끌려다니며 당한 굴욕은 되레 가문을 번성시키는 성공의 원천일지도 모릅니다. 수컷은 자기 유전자를 지켜서 좋고, 암컷 또한 안전하게 알을 낳을 수 있어서 좋습니다.

모시나비 암컷은 정조대를 차고 다니는 것으로 유명합니다. 날개가 모시처럼 속이 훤히 비쳐서 모시나비라는 이름이 붙었습니다. 이 고상하게 생긴 나비가 왜 민망하게 정조대를 차고 다닐까요? 그건 바로 수컷의 독점욕 때문입니다. 짝짓기 후 수컷은 암컷을 놓아주지 않습니다. 한번은 강원도 함백산에서 짝짓기하고 있는 모시나비 부부를 봤는데, 좀처럼 떨어질 생각을 안 합니다. 당일치기 출장이라 갈 길은 멀었는데, 짝짓기 후 정조대 채우는 장면을 직접 보고 싶은 마음에 조급해집니다. 곧 수컷은 암컷

수태낭을 붙이고 붓꽃에 앉아 식사하는 모시나비

의 배 꽁무니에 허연색의 분비물을 정성 들여 바릅니다. 20분 정도 지나니 뿔 나팔 같은 정조대가 채워지고, 그 과정 동안 암컷은 가만히 있습니다. 이 정조대의 정식 용어는 수태낭입니다. 수컷이 수태낭을 암컷의 배 꽁무니에 붙이는 이유는 단 하나입니다. 자기 유전자를 지키기 위해서입니다. 다른 수컷과 짝짓기를 하지 못하도록 정자 경쟁을 벌이는 겁니다. 자기 종족을 번식시키려는 수컷의 본능이 빚어낸 일입니다. 수컷이 떠나면 암컷은 수태낭을 달고 버겁게 날아가 꽃꿀을 마시며 영양을 보충합니다. 유부녀의 딱지인 수태낭을 매달고 꽃을 찾아 날아다니는 암컷은 무슨 생각을 할까 궁금하기만 합니다. 모시나비가 지구에서 번성하는 걸 보면 수태낭이 진화 과정에 큰 이득을 준 것은 분명해 보입니다.

몰입하면 불만을 가질 틈이 없다

내가 제일 잘할 수 있는 게 뭔가 생각해보니 공부입니다. 천재 대열에 드는 건 아니지만, 공부할 때 가장 마음이 안정됩니다. 집안일도 해야 하고 자식도 키워야 하고 사람들과 어울려 사회생활도 해야 하는데, 그런 일들은 해도 해도 어렵습니다. 그저 내 세계에 몰입하는 일을 할 때 시간 가는 줄 모릅니다. 그런 싹은 어렸을 적부터 있었습니다. 우리 집은 농삿집이라 소를 한두 마리 키웠습니다. 국민학생 시절, 나는 곧잘 소를 데리고 들판으로 나가곤 했는데, 소가 풀을 뜯어 먹는 동안 나는 책을 읽었습니다. 그때부터 출산과 육아 기간을 제외하고 지금껏 공부놀이에 매달리고 있습니다. 특히 나이 사십에 곤충계에 입문하면서 '열공신'까지 찾아와 공부놀이는 그만 과다몰입증으로 변질되고 말았습니다. 소위 워커홀릭이 되어 하루를 25시간 삼아 연구에 몰두했지요. 먹지 않아도 배고프지 않았고, 잠을 자지 않아도 졸리지 않았습니다. 집안의 행사도 모두 잊은 채 20여 년 곤충 연구에 빠져 살았습니다. 물론 주변 사람, 특히 가족을 돌보지 못한 미안함과 죄책감이 나를 짓누르기도 했지만, 여전히 연구를 향한 과다몰입증은 쉽게 가라앉지 않았습니다. 곤충을 관찰하고 연구할 때면, 잡념이나 불필요한 감정이 끼어들지 않아 마음이 평온해지고 심지어 벅찬 희열마저 느끼곤 했지요. 그

곤충은 남의 밥상을 넘보지 않는다

러던 중 건강에 빨간불이 들어와 인생 최대의 위기를 맛보며 절대고독과 죽음에 대한 공포를 곱씹어야 했습니다.

과유불급입니다. 평온한 삶을 위해 과다몰입증에서 벗어나려고 여러 시도를 해봤습니다. 곤충이 쉬는 새벽녘엔 운동 삼아 공원을 산책하고, 화실에도 찾아가 유치원생처럼 그림의 기초를 배웠지요. 그게 나에겐 쉼표였습니다.

사람은 이성과 본능이 동시에 발달해 몰입의 즐거움을 느끼기도 하고 몰입의 정도를 조절하기도 하지만, 곤충은 본능만이 발달해 몰입하다가 죽음의 덫에 걸리기도 합니다. 짝짓기 중에 암컷 사마귀가 수컷 사마귀를 잡아먹는다는 이야기는 널리 알려져 있습니다. 사마귀의 생태 특성상 수컷이 잡아먹히는 현상은 실제 야생에서는 매우 드문 일입니다. 거의 모든 수컷은 암컷에게 아주 조심스럽게 접근하고, 짝짓기 중이라도 암컷의 동태를 자세히 살피며, 암컷이 공격하기 전에 폴짝 뛰어 달아나기 때문입니다. 개인적으로는 몇십 년 동안 산과 들을 쏘다녔지만, 그런 장면은 아직 보지 못했습니다.

사마귀는 고급 식성을 가져 사체는 먹지 않고 살아 있는 먹이만 즐겨 먹습니다. 주로 메뚜기, 나비, 잠자리 등 자신보다 힘 약한 곤충을 잡아먹지요. 살아 움직이는 곤충을 먹다 보니 자신의 동족도 사냥 대상이 됩니다. 사냥 습성도 특이해서 '참을 인' 자 3개 정도가 필요할 정도로 먹잇감이 나타날 때까지 오랫동안 부동의 자세로 잠복하기도 합니다.

짝짓기하는 사마귀

수컷 사마귀의 행복과 비극은 짝짓기 과정에서 일어납니다. 수컷의 구애를 받아들인 암컷은 순순히 짝짓기에 임합니다. 수컷이 암컷에게 조심조심 다가갑니다. 암컷의 눈앞에 얼쩡거리다간 암컷에게 잡아먹힐 수 있기 때문입니다. 혹시라도 암컷의 사정권에 있으면, 얼어붙은 듯 움직이지 않습니다. 한 발짝을 움직이기 위해 한 시간 넘게 기다릴 때도 있다고 합니다.

우여곡절 끝에 수컷은 암컷의 등에 올라타 짝짓기에 성공합니다. 이때 수컷이 얌전히 있지 않고 부산하게 행동하면 암컷의 표적이 되고 맙니다. 부산함에 암컷이 고개를 돌렸을 때 등 위에 있는 수컷이 보이면, 자신과 짝짓기 중인 수컷을 낚아채 머리부터 먹습니다. 머리가 잘려 나가든 말든 수컷은 짝짓기를 계속합니다. 이미 수컷 생식기가 암컷 생식기에 들어간 상태이기 때문입니다. 머리가 잘려 나갔는데도 짝짓기를 멈추지 않는 비밀은 뇌와 신경절에 있습니다. 사마귀의 중추 신경계는 뇌와 신경절인데, 신경절은 머리(식도 아래)에 하나, 가슴마디에 세 개, 배마디에 여덟 개, 모두 열두 개로 이뤄져 있습니다. 각 신경절은 위치하는 부분만 통제합니다. 수컷의 머리가 없어지면 당연히 뇌도 사라져 중추 신경계의 조절 능력이 없어집니다. 또 평소 짝짓기 욕구를 억제했던 식도 아래에 있는 신경절도 없어집니다. 하지만 짝짓기 행동을 촉진하는 배 끝의 신경절은 여전히 살아 있습니다. 따라서 짝짓기 욕구를 억제하는 신경절은 사라지고 촉진하는 신경절만 남아 있게 된 결과, 고삐 풀린 망아지처럼 더 왕성히 짝짓기하게 됩니다.

암컷에게 잡아먹혀 몸이 반 토막이 나도 수컷의 남은 몸은 짧게는 세 시간, 길게는 여섯 시간까지 짝짓기를 계속한다고 합니다. 자기 몸이 죽어가는 줄도 모를 겁니다. 그래도 소중한 유전자를 남겼으니 큰 불만은 없겠지요.

곤충은 아니지만 무당거미 수컷도 가끔 짝짓기하다 암컷에게 잡아먹히곤 합니다. 무당거미는 여름에서 가을에 걸쳐 풀밭이나 산 가장자리에 해먹 같은 황금빛의 거미그물을 치고 삽니다. 수컷의 몸은 암컷에 비해 1/3 정도 작고, 수컷이 암컷보다 약 25일 먼저 성체가 됩니다. 수컷은 아직 덜 자란 암컷이 살고 있는 거미그물에 찾아와 암컷이어서 성체가 되길 기다립니다. 무당거미는 일처다부제라

몸집이 작은 수컷 무당거미가 몸집이 큰 암컷과 짝짓기 기회를 엿보고 있다

보통 2~5마리의 수컷이 암컷 주변에 몰립니다. 때때로 암컷은 거미줄에 닿은 수컷을 먹잇감으로 오해해 잡아먹기도 합니다. 드디어 암컷이 어른이 되면 수컷은 암컷에게 조심조심 다가갑니다. 까딱 실수하면 암컷의 밥이 될 수 있어서 살얼음판을 걷듯 조심스럽게 암컷과 사랑을 나눕니다. 무사히 짝짓기를 마친 후에 재빠르게 그 자리를 떠나지 않으면 암컷에게 잡아먹힙니다. 설령 죽음을 맞는다 해도 큰 불만이나 여한은 없을 겁니다. 최대 과제인 유전자 남기기에 성공했고, 자신의 몸이 자식의 영양분이 되어줄 것이기 때문입니다. 물론 교미 후 암컷이 반드시 수컷을 잡아먹는 것은 아닙니다. 거미 대부분은 사랑을 나눈 후 평화롭게 헤어집니다.

숭고한 모성애

우리나라는 세계에서 출산율이 가장 낮은 국가에 속합니다. 2023년 통계를 보면, 세계에서 가장 출산율이 높은 국가는 니제르와 앙골라이며, 가장 낮은 국가는 모나코와 한국입니다. 낮은 출산율로 인해 우리나라는 이미 고령화 사회에 진입해 있고, 고령화 진전 속도가 세계에서 가장 빠릅니다. 우리나라의 출산율이 저조한 이유는 복합적이라 하나의 원인을 꼽긴 어렵긴 하지만, 그중 '청년의 사회 진입 속도'도 한 원인이라 생각합니다. 많은 경우에 30대가 되어서야 사회생활에 진입하다 보니 당연히 결혼도 늦어집니다. 또한 젊은 세대가 부담하기 힘든 높은 주거비와 육아 비용이 출산을 꺼리게 만듭니다. 낮은 출생률은 인구수 감소로 이어져 심각한 사회문제가 되고 있지만, 전 세계의 인구수는 80억을 코앞에 둘 만큼 여전히 늘어가고 있습니다.

사실 포유류 중 단일 종의 개체 수가 이렇게 늘어나는 경우는 거의 없습니다. 인간이 필요해서 키우는 가축류가 인간 다음으로 개체 수가 많지요. 지구에서 가장 번식에 성공한 곤충은 개미입니다. 지구 상에 존재하는 개미를 다 불러다 모아 한 줄로 세우면 지구를 몇 바퀴 돌릴 수 있다고 합니다. 생물학자의 눈으로 보면, 곤충과 견주어 인류가 번성할 이유는 그리 많지 않습니다. 곤충에 비해 인간의 생존 조건은 매우 불리합니다. 곤충은 생애주기가 짧고 다산하다 보니 멸종할 확률이 낮으며, 자식은 태어나면서부터 독립하고 부모는 일찍 죽으니 육아 부담, 부양 부담도 없습니다. 이에 비해 인간은 낳을 수 있는 자식의 수가 적고, 자식이 태어나면 독립하기까지 많은 육아 비용과 노력이 들어가며, 생애주기가 길어 세대교체에 긴 시간이 걸립니다. 이런 악조건 속에서 인구수가 늘어가는 걸 보면 세밀하고 정교하며 체계적인 신체 기관이 큰 몫을 하는 게 아닌가 합니다. 특히 인간의 뇌는 낯선 환경에 적응할 수 있는 능력과 문제해결 능력을 갖추고 있습니다. 인류 때문에 끙끙 앓고 있는 지구도 치료할 수 있을지 궁금합니다.

비록 뇌 용량은 작지만, 곤충도 높은 개체 수 유지에 공을 들입니다. 곤충에게 개체 수 증감의 문제는 가문의 흥망과 직결되기 때문이지요. 수많은 알을 낳아 다산왕이 되기도 하고, 삶의 궁극적 목표가 오로지 자식인 양 희생을 자처하기도 합니다.

에사키뿔노린재를 아시나요? 처음 발견한 일본 학자의 이름을 따서 일본스러운 이름을 가졌지만, 우리 땅에도 흔한 곤충입니다. 에사키뿔노린재는 숲에서 나뭇잎이나 나무줄기에 주로 붙어 살아갑니다. 신기하게도 에사키뿔노린재의 등짝에는 예쁘고 선명한 노란색 하트 무늬가 있습니다. '우리 영원히 사랑해요'라고 속삭이는 것 같습니다. 이 독특한 무늬 때문에 발견하기만 한다면 누구든 금방 알아볼 수 있습니다. 대개 곤충의 어미는 알을 낳고 죽는 게 일반적이지만, 에사키뿔노린재 암컷은 죽지 않고 새끼가 어느 정도 성장할 때까지 지극정성으로 키웁니다. 자식을 향한 모성애는 사람 못지않지요.

짝짓기를 마친 엄마 에사키뿔노린재는 잎사귀 뒷면에 노르스름한 알을 30개쯤 낳습니다. 그러고 나서 알들이 서로 떨어지지 않도록 산란관 옆 부속샘에서 나오는 접착 물질로 단단히 붙입니다. 이제부터 엄마의 힘겨운 육아가 시작됩니다. 엄마는 망부석처럼 꼼짝도 하지 않고 알 위에 앉아 알을 지킵니다. 카메라 플래시가 터져도, 세찬 바람이 불어 나뭇잎이 흔들려도 꿈적도 안 합니다. 개미 같은 적이 얼씬거리면 날개를 퍼덕거리며 쫓아버립니다. 또 노린재 특유의 고약한 냄새를 풍겨 천적의 접근을 차단하지요. 그뿐이 아닙니다. 무더운 여름날엔 알이 썩지나 않을까 노심초사하며 날개로 바람을 일으켜 알의 온도를 낮추고, 때때로 공기가 잘 통하도록 뾰족한 주둥이로 알과 알 사이를 일일이 벌려주기도 합니다. 이렇게 엄마는 밤낮없이 알을 돌봅니다. 더 놀라운 건 이 모든 일을 하는 동안 끼니를 굶습니다. 사람으로 치면 정신이 혼미해질 때까지 굶은 채 자식을 돌보는 셈입니다.

드디어 알에서 새끼가 태어났습니다. 엄마는 여전히 알에서 깨어난 새끼를 돌봅니다. 이미 열흘 넘게 굶은 터라 죽을 날이 가깝지만, 무사히 자라도록 새끼를 품에 끌어안고 지킵니다. 얼마나 영특한지 천적이 다가오면 품에

알을 지키고 있는 에사키뿔노린재

안고 있던 새끼들에게 비상 신호를 보냅니다. 새끼들은
엄마의 품 밖으로 나와 나뭇잎 뒤쪽으로 삼십육계 줄행랑
을 칩니다. 잠잠해지면 엄마는 집합 페로몬을 뿜어 숨어
있는 새끼들을 품 안으로 불러 모읍니다. 이렇게 엄마 에
사키뿔노린재가 위험을 무릅쓰고 알을 돌보는 까닭은 새
끼 한 마리라도 살려내 가문을 잇기 위해서입니다. 한 과
학자가 재밌는 실험을 했는데, 한쪽에서는 알을 지키고
있는 엄마를 떼어 내고, 다른 한쪽에서는 엄마가 알을 지
키도록 그대로 두었습니다. 결과는 예상한 대로였습니다.
엄마가 지키지 않은 알들은 천적에게 기습당해 단 한 마
리의 새끼도 태어나지 못했고, 엄마의 지극한 보살핌을
받은 알에서는 절반 이상이 태어났습니다.

 그렇게 새끼를 돌보고 지키는 중에도 시간은 쉼 없이
흘러 새끼는 무럭무럭 자라고, 엄마는 점점 생명력을 잃

알에서 부화한 애벌레를 돌보고 있는 에사키뿔노린재

어갑니다. 새끼들이 제법 앞가림할 즈음이면 엄마 에사키 뿔노린재는 기름이 바닥난 호롱불이 서서히 꺼지듯 조용히 죽음을 맞이합니다. 이렇게 목숨을 내놓고 새끼를 지키는 곤충 엄마의 모습을 보니, 숭고한 모성애란 표현이 아깝지 않습니다.

거미 역시 암컷 혼자 독박육아를 자처합니다. 거미 대부분은 알집을 지키는데, 특히 늑대거미는 알집을 배 꽁무니에 매달고 다니다 부화하면 새끼들을 등에 업어 키웁니다. 기생벌 같은 천적을 따돌리기 위해서입니다. 한술 더 떠 애어리염낭거미는 억새 잎을 접어 집을 지은 뒤, 그곳에서 알을 낳고 새끼가 깨어날 때까지 그곳을 떠나지 않습니다. 놀랍게도 알에서 깨어난 새끼들은 자신을 낳아준 어미 몸을 먹고 자랍니다.

알집을 배꽁무니에 매달고 다니는 늑대거미

이렇게 사람의 눈에 하찮아 보이는 벌레들도 지극정성으로 새끼를 돌보고 지킵니다. 자식 사랑은 사람의 영역만이 아닌 모든 생명의 신성하고도 공통된 영역입니다. 본능적인 자식 사랑은 존엄한 생명을 이어가게 하는 원동력입니다.

아기 보살피는 아빠

얼마 전 지인들과 함께 겨울 곤충 탐사를 이유로 겨울 산행을 했습니다. 지인 중 한 분의 아들이 육아휴직을 내어 당분간 손주 육아에서 해방되었다며 즐거워합니다. 모두가 한결같이 "요즘 세상 많이 달라졌네. 우리 애 키울 때는 꿈도 꾸지 못했던 일인데"라며 '라떼 세대' 티를 냅니다. 육아휴직은 꽤 많은 걸 내려놓아야 합니다. 일단 소득이 줄 테니 씀씀이를 줄여야 하고, 여러 경제적인 기회를 미뤄야 하는 부담이 있습니다. 그래도 요즘은 아빠 엄마가 함께 육아를 책임지는 추세로 나아가고 있습니다. 사실 그래야 하고요. 하지만 여전히 남성이 육아휴직을 내는 것은 쉽지 않습니다. 이를 반영이라도 하듯, 선거 때마다 대선 후보 공약에 아빠 육아휴직 필수 보장제가 들어 있습니다. 네덜란드의 사례처럼, 아빠가 육아휴직 기회를 이용하지 않으면 엄마도 이용하지 못하게 하자는 내용입니다. 부모가 공평하게 육아 책임을 지자는 거지요. 언제 실행될지 지켜볼 일입니다. 우리나라의 출산율이 낮다 보니, 이런저런 정책들이 나오는 것 같습니다.

따스한 봄날, 햇솜 같은 뭉게구름이 몽실몽실 피어나는 하늘을 머리에 이고 자그마한 연못가를 어슬렁거립니다. 연못물이 거울같이 맑아 발걸음을 멈추고 쪼그리고 앉아 물속을 들여다봅니다. 물 위에는 노랑어리연꽃 잎들이 떠다니고, 그 사이로 새하얀 구름과 새파란 하늘이 비칩니다. 말간 물에 잠긴 물풀 잎 위에서 아빠 물자라가 등에 알을 짊어진 채 앉아 있습니다. 노린재목 가문의 물자라는 물속에서 사는 곤충(수서곤충)이라 연못이나 웅덩이에서 살아갑니다. 보통 곤충은 육아하는 경우가 매우 드뭅니다. 알을 돌보지 않으니, 당연히 새끼의 생존 확률이 낮지요. 그래서 알을 많이 낳습니다. 그나마 일부 곤충의 암컷이 육아를 도맡기도 합니다. 수컷 대부분은 자식을 돌보지 않는데, 물자라는 예외입니다. 아빠 물자라는 온 정성을 쏟아 직접 알을 돌봅니다.

짝짓기 철입니다. 물자라 수컷과 암컷은 발을 이용해 물속에 물결을 일으키며 신호를 주고받습니다. 서로 눈이 맞으면 수컷이 암컷 등 뒤에 올라타 사랑을 나눕니다. 짝짓기가 끝나면 암컷은 수중 분만을 시작하는데, 분만실은 넓적한 수컷의 등 위입니다. 수컷은 암컷 배 밑으로 파고들어 암컷이 자기 등 위에 알을 낳기 편하게 자세를 잡습니다. 암컷은 수컷의 등짝 위에서 알들이 떨어지지 않도록 바짝 붙어서 줄 맞춰 낳습니다. 암컷이 알을 다 낳으면 '당신이 책임져' 하며, 뒤도 안 돌아보고 어디론가 사라집니다. 재미있게도 아빠가 알을 업고 또 짝짓기하는군요. 아빠가 한 번에 업을 수 있는 알 수는 80개쯤 됩니다. 암컷 물자라는 한 번에 80개나 되는 알을 낳지 않습니다. 그래서인지 아빠는 여러 암컷과 짝짓기하며 등에 알을 차곡차곡 쌓아갑니다. 다른 암컷들 또한 알을 낳자마자 재빨

리 어디론가 사라집니다. 수컷의 등에 알이 빼꼭히 채워
지면 본격적으로 알을 돌보기 시작합니다. 알들의 무게를
모두 합하면 아빠 몸무게보다 두 배나 더 나갑니다. 아빠
물자라는 알을 등에 업고 다니며 정성껏 돌봅니다. 이따
금 물 위로 올라와 알이 썩지 않도록 산소를 공급하고, 배
자 발생이 잘 되도록 햇볕을 쬐어 따뜻하게 해줍니다. 자
나 깨나 80개도 넘는 알을 업고선 물 위를 오르락내리락
해야 하니 이만저만 힘든 게 아닙니다.

　알을 업고 다니는 동안 아빠 물자라는 거의 먹지 않습
니다. 알을 등에 지고 있으니, 예전처럼 민첩하지 못해 사
냥하기가 쉽지 않기 때문입니다. 혹시라도 먹잇감을 사냥
하려다 물풀에 걸리기라도 하면 등에 업혀 있는 알들이
떨어질 수도 있습니다. 그러니 오로지 알들만 알뜰살뜰
돌보며 남은 일생을 다 바칩니다. 물론 먹잇감이 눈앞에

알을 등에 지고 있는 아빠 물자라

있으면 사냥해 고픈 배를 채울 때도 있습니다. 알에서 애벌레가 깨어날 때가 되면, 아빠는 물 위로 등에 짊어진 알들을 살짝 내밀고 새끼가 무사히 알 밖으로 나올 수 있도록 기다려줍니다. 새끼가 한 마리 한 마리 나오려고 할 때마다 아빠는 몸을 흔들어 알에서 쉽게 빠져나올 수 있도록 도와줍니다. 이렇게 새끼가 모두 알에서 빠져나와 물속으로 헤엄쳐 들어가면, 아빠 물자라는 물속으로 들어가 몸을 숨깁니다. 유전자를 대대손손 남기기 위해 굶으면서까지 알을 업어 키우는 아빠 물자라가 참 대단하게 느껴집니다.

물자라의 가까운 친척인 물장군도 아빠가 육아를 도맡습니다. 물장군은 '멸종위기동식물 2급 보호종'으로 지정된, 자연환경이 오염되지 않은 곳에서 사는 귀한 곤충입니다. 물장군도 물속에 물결을 일으켜 구애합니다. 짝짓기 후 암컷은 물속이 아닌 수면 위의 말뚝이나 풀줄기에 알을 낳습니다. 알을 다 낳은 엄마 물장군 역시 나 몰라라 하며 물속으로 쏜살같이 들어가고, 수컷은 기다렸다는 듯이 알들을 접수합니다. 이제부터 육아는 아빠 몫입니다. 알들이 붙어 있는 풀줄기를 그 누구도 넘보지 못하도록 우람한 앞다리로 감싸 안습니다. 때때로 알이 햇빛에 마를세라 자기 몸에 물을 묻혀 와서 알에다 발라주기도 하고, 햇볕이 뜨거울세라 육중한 몸으로 그늘을 만들어주기도 합니다. 그뿐만이 아닙니다. 알이 썩지 않도록 공기가 잘 통하게 알과 알 사이를 뾰족한 주둥이로 벌려주기도 하지

알을 보살피는 아빠 물장군

요. 거미나 잠자리가 얼씬거리면 앞다리를 들어 겁을 줘서 쫓아냅니다. 거의 쉬지도 않고 지극정성으로 알을 돌보는 아빠의 시간은 고행의 연속입니다.

그런데 기막힌 일이 일어납니다. 어디선가 도둑 암컷이 나타나 아빠 물장군을 위협해 알들을 먹어 치우려고 합니다. 아빠 물장군은 앞다리를 들어 도둑 암컷을 쫓고, 도둑 암컷이 또 다가오면 또 쫓습니다. 이 암컷은 수컷이 지키는 알들을 먹어 치우고 그 알을 지키는 아빠 물장군과 짝짓기해 자기 알을 낳으려는 속셈입니다. 자기 유전자를 퍼뜨리기 위해 다른 암컷의 알을 없애려는 거지요. 아빠 물장군은 어느 암컷의 알이든 상관하지 않고 낳기만 하면 기다렸다는 듯이 알을 품어줄 테니까요. 도둑 암컷의 행동을 보면, "너 죽고 나 살자"란 말이 딱 어울립니다. 아빠는 알을 보살피고, 엄마는 새끼가 태어날 즈음이면 또 다른 수컷과 짝짓기해 알을 낳습니다. 엄마는 이렇게 서너 차례에 걸쳐 알을 300개에서 500개 낳은 뒤 죽고, 엄마가 낳은 알은 모두 아빠가 돌봅니다.

곤충 외에도 헌신적인 부성애를 가진 동물이 지구 곳곳에 살고 있습니다. 남극에선 아빠 황제펭귄이, 바다에선 아빠 해마가, 강에서는 아빠 가시고기가 자나 깨나 자식을 끔찍이 보살피면서 일생을 다 바칩니다. 특이하게 수컷 해마의 배에는 새끼를 넣어 기를 수 있는 육아 주머니가 있습니다. 번식기가 되면 암컷 해마는 짝짓기 후 수컷의

수컷 해마의 육아 주머니 속에 알을 낳는 암컷 해마

육아 주머니 속에 알을 낳습니다. 암컷이 알을 모두 낳으면 그때부터 수컷은 매우 바빠집니다. 수컷은 정자를 분출해 주머니 속에서 알을 수정시킵니다. 수컷이 임신하는 동안, 암컷은 수컷을 찾아와 춤을 추다가 사라집니다. 알을 품은 수컷은 주로 혼자 지내며, 만삭이 되어갈수록 한자리에서 벗어나지 못하고 뱃속에 있는 수정란을 돌보며 부화시킵니다. 그 후에도 새끼들이 어느 정도 자랄 때까지 돌봐주지요. 수컷 해마의 자식 사랑은 눈물겹습니다.

수컷 가시고기는 번식기가 되면 강바닥의 모래를 퍼내고 둥지를 짓습니다. 암컷이 둥지에 찾아와 알을 낳고 가버리면, 그때부터 수컷은 육아에 돌입합니다. 다른 물고기가 얼쩡거리면 쫓아내고, 알에 산소를 공급하기 위해 지느러미로 부채질도 해줍니다. 수컷은 15일 동안 아무것도 먹지 않은 채 알을 지키다가, 새끼가 깨어날 무렵 둥지

가시고기

옆에서 장렬하게 죽습니다. 치어들은 죽은 제 아비의 살점을 뜯어먹으며 자랍니다. 몸을 부수는 부성애 덕분으로 가시고기의 부화율은 90퍼센트를 넘습니다.

동물의 자식 사랑은 캐도 캐도 미담입니다. 대부분 모성애가 강한 암컷이 육아를 도맡다 보니, 어쩌다 부성애를 발휘하는 수컷 이야기가 나오면 더 감동스럽습니다. 언젠가 유명 방송인이 이혼 후 자식의 양육비를 떼어먹었다가 배드 파더스Bad Fathers에 신상이 공개된 적이 있습니다. 자식을 같이 낳았으면 부모 공동으로 책임을 져야지, 다른 것도 아닌 자식의 양육비를 떼먹고 부모 노릇을 내팽개치다니! 말이 안 나옵니다. 오죽하면 '무책임한 아빠' 신상을 공개하는 사이트까지 생겼을까요? 이혼 가정에서 양육비는 아이의 생존권과 같습니다.

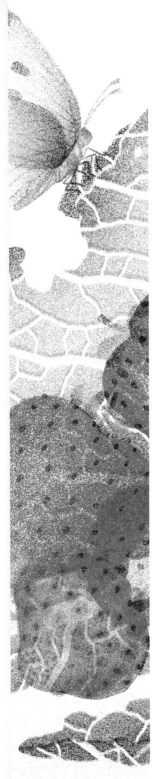

2

———

저마다의
삶의 방식

× × ×

너무 의지하면 무능해진다

여덟 살 먹은 크림색 푸들을 키우고 있습니다. 생긴 게 디즈니 만화에 나오는 주인공 사슴과 비슷해 이름을 '밤비'라고 지었습니다. 여덟 살인데도 하는 행동은 철없는 아기 같아 주로 '아가'라고 부릅니다. 그래서인지 "밤비야"보다는 "아가야"에 더 쉽게 반응합니다. 내 하루는 밤비와 함께 시작하고 밤비와 함께 마무리합니다. 그만큼 밤비는 온종일 나와 함께하고, 자는 시간만 빼면 나한테서 눈을 떼지 않습니다. 앉아 있으면 무릎은 제 차지고, 누우면 곁에 눕고, 곤충을 촬영할 땐 옆에 딱 붙어 앉아서 지켜보고, 논문이나 집필 작업을 할 땐 몇 시간이 됐든 컴퓨터를 끌 때까지 책상 아래에 둔 방석에서 잡니다. 산책할 때면 몇 걸음 못 가서 뒤를 돌아보며 내가 따라오는지 확인합니다. 또 낯가림이 심해 다른 강아지가 가까이 다가오면 꼬리를 바짝 내리고 도망칩니다. 사회성이란 1도 없습니다. 그래도 밤비는 나만 있으면 세상을 모두 가진 것처럼 안심하고 또 안심합니다. 나 또한 밤비가 눈에 넣어도 안 아플 만큼 예뻐 사랑을 듬뿍듬뿍 줍니다. 밤비가 이렇게 내게 의지하는 건 순전히 내 탓입니다. 이전에 키우던 강아지가 무지개다리를 건넜을 때 잘해주지 못한 것이 떠올라 너무 힘들었습니다. 그래서 이별했을 때 후회할 일은 만들지 않기 위해 밤비에게 무조건 잘해줍니다. 아니 떠받

들고 산다는 게 더 맞습니다. 밤비가 내게 너무 의지해서 독립적인 생존력이 없어지는 것 같아 걱정이 되기도 하지만, 어차피 야생에 내어놓고 키울 게 아니니 지금 이대로도 좋습니다. 지금 이 순간에도 내 맞은편 방석에 앉아 나와 눈 맞추는 밤비, 시루 속 콩나물같이 연약해 보이지만, 나에게 주는 따뜻한 사랑과 행복은 하늘만큼 큽니다.

야생동물이 누군가에게 지나치게 의지한다는 것은 위험한 일입니다. 종종 곤충을 관찰하러 산과 하천을 다닐 때면 "야생동물에게 먹이를 주지 마세요"란 팻말을 보곤 합니다. 물론 재난 상태에 빠져 굶주리는 야생동물에겐 구호 차원에서 먹이를 주는 건 괜찮지만, 그렇지 않은 경우에는 조심해야 합니다. 사람들이 야생동물에게 먹이를 주는 행동은 인간에게 의지하는 취약한 동물로 만들 수 있기 때문입니다. 야성을 잃으면 동물은 무능해질 수밖에 없습니다. 또 사람이 던져주는 먹이에는 나트륨이나 당분 같은 물질이 많이 함유되어 있는데, 이런 성분들은 면역력은 물론, 생존력까지 떨어뜨릴 수 있습니다. 또한 식물의 씨앗이나 열매를 분산시키는 역할을 하지 못하게 만들어 생태계의 먹이망에 혼란을 초래하기도 합니다. 알고 보면 동물은 지구 생태계의 어엿한 구성원으로서, 인간이 의존하는 존재이기도 합니다. 야생동물과 건강한 관계를 맺으려면 동물의 삶의 방식을 존중하는 게 기본 예의입니다.

무위도식하는 나비가 있습니다. 천하태평인 이 나비는 개미와 공생하는 담흑부전나비입니다. 담흑부전나비 애벌레는 평생 아무 일도 하지 않고 오로지 개미의 보살핌만 받습니다. 부전나비란 이름은 석주명 선생이 1947년에 쓴 《조선 나비 이름의 유래기》에 처음 등장합니다. '부전'은 예전에 여자아이들이 차던 노리개의 하나입니다. 부전나비류는 몸집이 비교적 작고, 날개에는 금속성 광택이 나는 비늘이 덮여 있습니다. 대개 부전나비를 포함해 나비류 애벌레는 잎을 먹고 사는데, 예외로 바둑돌부전나비는 진딧물을 잡아먹고, 쌍꼬리부전나비 등 17종의 부전나비류는 개미에게 전적으로 의지하며 살아갑니다.

그중 담흑부전나비 애벌레는 개미에게 입양되어 전적으로 보호를 받습니다. 특이한 습성 덕분에 우리나라와 일본에서 비교적 연구가 잘 되어 있습니다. 담흑부전나

개미에게 전적으로 의지하는 남방부전나비 애벌레

비 애벌레를 입양하는 양엄마는 일본왕개미입니다. 담흑부전나비 어미는 오후 늦게 알을 낳기 위해 일본왕개미가 사는 곳을 찾아다닙니다. 일본왕개미는 길가나 산속 등 어디서나 집을 짓고 사는데, 진딧물의 감로를 얻어먹으려고 진딧물이 사는 나무줄기에 잘 올라옵니다. 담흑부전나비 어미가 찾는 곳은 일본왕개미가 들락거리는 진딧물 군락지로, 대개 진딧물 집단이 사는 나무 아래쪽의 땅속에 일본왕개미의 집이 있습니다. 눈치 빠른 담흑부전나비 어미는 우글거리는 진딧물들 틈에 재빨리 알을 낳습니다. 일주일이 지나면 알에서 애벌레가 깨어나고 어린 애벌레는 진딧물이 배설하는 감로를 공짜로 받아먹으며 살아갑니다. 이때 개미는 담흑부전나비 애벌레가 워낙 작아 그 존재 자체를 눈치채지 못합니다. 애벌레는 두 살이 될 때까지 열심히 진딧물의 감로를 받아먹으며 몸을 키웁니다. 이때까지만 해도 애벌레와 개미는 진딧물의 감로를 받아먹는 경쟁 관계입니다.

하지만 애벌레가 세 살이 되면 상황이 바뀝니다. 몸집이 제법 커진 담흑부전나비 애벌레가 진딧물 틈에 숨어 있다가 일본왕개미가 지나가기만을 학수고대합니다. 일본왕개미가 나타나면 재빠르게 등짝에서 말미잘처럼 촉수 한 쌍을 불쑥 내밉니다. 이곳에는 특수하게 분화된 꿀샘 조직이 있는데, 그곳에서 나오는 당분과 아미노산을 개미에게 뇌물로 바칩니다. 개미는 뇌물에 눈이 멀고 판단력이 흐려져 나비의 애벌레를 자신의 새끼로 착각하고 자기 집으로 데려옵니다.

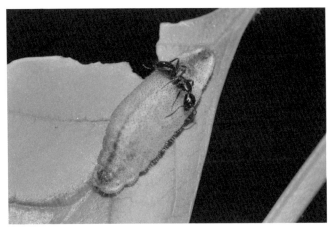

개미에게 전적으로 의지하는 붉은띠귤빛부전나비 애벌레

　그런데 연구자들이 담흑부전나비 애벌레의 분비물을 받아 먹은 개미와 그렇지 않은 개미를 비교해보니, 놀라운 결과가 나왔습니다. 분비물을 받아 먹은 개미의 뇌에서는 도파민이 적게 분비되었고, 그 결과 운동 능력이 떨어진 이 개미는 대체로 애벌레 곁을 지켰습니다. 결국 개미는 애벌레의 등짝에서 나온 분비물을 먹은 대가를 톡톡히 치른 셈입니다.

　개미집에 도착한 애벌레는 개미 새끼 행세를 하며 개미에게 먹이를 달라고 구걸합니다. 앞머리털이나 앞다리로 일본왕개미의 주둥이를 건드리며 애원하면 일본왕개미는 먹이를 토해내 애벌레에게 줍니다. 애벌레는 개미에게 신분을 위장해 입양된 게 들통날까 봐 때때로 일본왕개미의 몸, 알, 애벌레, 번데기를 핥습니다. 그래야 자기 몸에 개미의 신호 물질이 묻어 개미에게 버림받지 않습니다.

담흑부전나비

개미는 담흑부전나비 애벌레가 다 자랄 때까지 먹이를 주면서 살뜰히 보살핍니다. 이곳에서 무사히 애벌레와 번데기를 거친 후 어른 나비로 우화하면, 담흑부전나비는 재빨리 일본왕개미의 굴을 엉금엉금 기어서 빠져나옵니다. 이때 어른 나비에게는 더 이상 몸에서 개미를 속이는 화학물질이 더 이상 남아 있지 않기 때문에 재빨리 개미 집에서 탈출하지 않으면 개미에게 잡아먹힐 겁니다. 그래서 날개가 마르기도 전에 굴 밖으로 기어 나갑니다.

나비 애벌레는 평생을 남에게 의지하지만, 무능력하지는 않습니다. 나름 개미의 가족처럼 보이려 애를 쓰고, 어른 나비가 된 후에는 살아남기 위해 필사적으로 개미집에서 탈출하니 말입니다. 하지만 지금의 환경 파괴 속도라면 머지않아 일본왕개미와 담흑부전나비 중 어느 한쪽에 번식 문제가 일어날 가능성이 큽니다. 만일 일본왕개미가 사라진다면, 평생 의지만 하고 독립적인 삶을 꾸리지 못한 담흑부전나비는 최악의 위기를 맞을지도 모릅니다. 독립적으로 살아보지 못했기 때문에 손도 못 써보고 멸종의 수순을 밟을 가능성이 높습니다.

생존 없는 미래는 없다

나이가 들어가니 뒤돌아보는 일이 잦습니다. 지나간 삶은 파스텔 톤의 그리움이고, 현재의 삶은 끊임없는 도전이며, 앞으로의 삶은 동전의 양면입니다. 알 수 없는 미래는 무지갯빛 희망이 되었다가 때로는 회색빛 걱정이 되기도 합니다. 할 수만 있다면 어떤 것도 칠해지지 않은 새하얀 도화지 같은 미래가 펼쳐진, 그래서 어떠한 걱정도 없었던 어린 시절로 되돌아가고 싶습니다.

아이들을 키우던 젊은 시절에는 나름대로 미래에 대한 포부가 있었습니다. 두 아들을 좋은 대학에 보내고, 넓은 집에 살고, 고급 승용차를 타고, 호화로운 여행을 떠나고…. 참 현실적인 꿈이었습니다. 그런데 18년 동안 육아에 집중하다 보니, 정작 내 미래는 잘 보이지 않아 '나는 누구인가?'란 물음의 덫에 빠져 한동안 헤맸습니다. 그러다 그만 곤충에 홀려, 수많은 물음을 뒤로 하고 대학원에 진학했지요.

전공을 바꿔 만학의 길을 걷는다는 것은 적어도 나에겐 가시밭길을 헤쳐 나가는 것과 같았습니다, 무지갯빛 미래를 꿈꾸며 찾아간 곤충학계는 혹독한 현실이었습니다. 치열하게 나를 담금질해야 했고, 편견의 유리벽을 뚫어야 했으며, 기득권과 맞서야 했고, 대학입시를 앞둔 아들에게 죄인이 되어야 했습니다.

교환학점제도가 있어 박사과정 첫 학기 때 지방에 있는 대학교로 찾아가 수강한 적이 있습니다. 그런데 그 수강 과목의 교수가 나와 같은 학번이었는데, 수업 전 인사차 교수실에 들러 이런저런 얘기를 나누다가 충격적인 질문을 받았습니다.

"아이들은 어떻게 하고 엄마가 왜 이렇게 돌아다니세요?"

그 질문에 나는 입이 얼어붙고 머릿속이 하얘져 아무 말도 할 수 없었습니다. '엄마는 공부하면 안 된다는 말인가? 공부하러 하루를 비워 이 먼 곳에 온 것이 그저 나돌아다니는 걸로 보이나?' 하지만 한편으론 나의 학계 입문에 가장 피해받은 사람이 두 아들인 것 같아 늘 미안함과 죄책감으로 살고 있던 차였기에, 깊은 수렁에 빠지는 기분이 들었습니다. 그러나 이미 엎질러진 물인데, 여기까지 와서 학업을 접을 수도 없는 노릇이고 달리 방법이 없었습니다. 두 아들에게 미안하지만, 이미 선택한 길을 열심히 나아가는 수밖에요.

그렇게 나에게 단 한 번뿐인 중년 시절이 피 터지는 도전으로 채워졌습니다. 그 덕에 박사 학위도 따고, 내 분신 같은 곤충을 연구해 세상에 알렸으며, 그 곤충의 언어를 통역하며 벅찬 희열을 맛보았습니다.

예순이 넘어버린 지금은 강어귀에 다다른 폭포수처럼 힘이 다해서인지, 어제처럼 오늘 하루를 잘 살면 될 뿐 내

일을 그리 걱정하지는 않습니다. 오늘의 내가 내일이 된 다 해도 다른 사람이 되지 않을 것 같습니다. 나는 어제도 곤충을 만났고, 오늘도 만나고, 내일도 만날 것이기 때문 입니다. 굳이 오늘의 연속인 내일을 염려하거나 걱정하지 않습니다. 내일도 오늘처럼 정성껏 살면 되니까요.

곤충은 사람과 달리 단순해서 현재만 중요할 뿐 미래에 대한 계획이나 걱정은 없습니다. 하지만 현재의 삶은 생 존이 걸려 있어 팍팍합니다. 나는 거저리(딱정벌레목 거저 리과)를 연구하고 있습니다. 그래서 자칭 거저리 엄마입니 다. 20년 동안 버섯살이 곤충을 연구하면서 거저리를 비 롯한 수많은 곤충을 직접 키우고 있습니다. 몇 번의 허물 을 벗는지, 애벌레의 기간이 얼마인지 등을 알려면 3일에 한 번꼴로 현미경 아래에서 애벌레의 머리너비와 몸길이 를 재야 합니다. 한 마리씩 따로 키우면 자꾸 죽어 여러 마 리를 한 공간에서 키웁니다. 다행히 여럿이 생활하는 애벌 레가 혼자서 생활하는 애벌레보다 오래 살고 건강합니다.
  그런데 며칠 후 잘 자라던 애벌레들이 안 보입니다. 초 조한 마음으로 뚜껑이 잘 닫혔는지 확인하고, 먹이인 버 섯을 이리저리 뒤적여봅니다. 현미경 아래에서 10배율로 사육 통 안을 꼼꼼히 들여다보니, 한 마리만 살아 있고 나 머지는 머리만 남아 있습니다. 실험은 오류의 연속이라지 만, 제 불찰로 버섯을 제때 주지 못해 설마 했던 일이 일어 나고 말았습니다. 육식성은 아니지만 배고픈 애벌레들끼 리 서로 잡아먹고 잡아먹히다, 결국 최후의 승자 한 마리

만 남았습니다. 동족상잔의 비극, 형제의 난이라고 하기
엔 너무 짠한 상황입니다. 곤충에겐 형제자매 동료도 없
고 미래도 없습니다. 동료를 잡아먹은 후 일어날 뒷일은
생각하지 않습니다. 오로지 배고픔을 해결해 생존해야 하
는 현재만 있을 뿐입니다. 나는 실험을 처음부터 다시 시
작해야 했습니다.

사향제비나비는 먹잇감이 부족하지 않아도 동료를 잡아
먹습니다. 엄마가 낳은 많은 알 중에서 가장 먼저 알을 깨
고 나온 첫째가 아직 부화하지 않은 알을 먹어 치웁니다.
대개 한배에서 낳은 알은 비슷한 시기에 부화하는데, 아
주 근소한 시간 차이로 먼저 태어났다는 이유 하나로 생
존자가 되고, 다른 알들은 희생자가 됩니다. 동족 포식의
비극은 왜 일어날까요? 사향제비나비의 알 속에는 특이

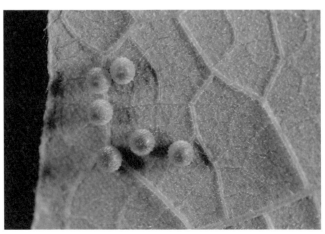

사향제비나비 알

사향제비나비 애벌레

한 물질인 아리스톨로킨산이 들어 있는데, 이 물질이 먼저 태어난 애벌레의 식욕을 돋우기 때문입니다.

사향제비나비 애벌레는 다른 식물에는 입도 안 대고 오로지 쥐방울덩굴과 식물만 먹습니다. 쥐방울덩굴은 초식동물이 자신을 뜯어먹지 못하게 독성 물질인 아리스톨로킨산을 만들어 몸속에 품습니다. 그럼에도 사향제비나비는 쥐방울덩굴과 오랜 세월 동안 '밀당'을 거듭하면서 쥐방울덩굴의 독성 물질에 내성이 생겼습니다. 되레 독 물질이 식욕 촉진제 역할까지 합니다. 이 독성 물질은 쥐방울덩굴 잎을 먹는 사향제비나비 애벌레의 몸속으로 들어가고, 번데기를 거쳐 어른벌레로 우화할 때 전달되었다가 최종적으로 산란할 때 알로 이전됩니다. 그로 인해 맘이에게 잡아먹히는 비극이 일어납니다.

쥐방울덩굴은 그리 번성하는 식물이 아니기 때문에 동

제비꼬리솔개

시에 많은 애벌레가 부화한다면 먹잇감이 부족해 결국 모두 굶어 죽을 수 있습니다. 지금 당장은 생존을 위해 다른 형제의 알을 먹어 치웠지만, 멀리 보면 동족 포식 현상이 멸종하는 걸 예방하는 효과도 있습니다. 어쨌든 애벌레는 미래에 일어날 일을 계산하지 않았지만, 진화의 방향은 차세대의 번성을 유지하는 쪽으로 흘러가니, 생태계의 흐름은 쉽게 예단할 수 없습니다.

새의 '형제 살해'는 좀 섬뜩합니다. 미국 동남부 지방을 포함해 중남미 지역에서 사는 제비꼬리솔개의 암컷은 대개 한 둥지에 2개씩 알을 낳는다고 합니다. 그런데 어미는 2개의 알을 동시에 낳는 것이 아니라 시간차를 두고 알을 낳습니다. 어미는 첫 번째 알을 낳고, 3~4일 후에 두 번째 알을 낳습니다. 자연의 섭리대로 먼저 낳은 알에서 첫째가 부화하고 며칠 후에 둘째 동생이 부화합니다. 그렇게 뒤늦게 부화한 동생의 삶은 짧습니다. 첫째는 둘째가 태어나자마자 무자비하게 공격합니다. 둘째 동생은 힘이 없어 반격하지 못하고 그저 당하기만 합니다. 이를 바라보고 있는 어미는 매정하게도 말리지 않습니다. 심지어 부모가 가져온 먹이도 첫째가 독점하지요. 결국 둘째는 굶주림과 상처를 이기지 못하고 죽고 맙니다. 이렇게 방관할 거면 어미는 왜 둘째를 낳았을까요? 어미는 만일의 사태에 대비해 일종의 보험을 든 겁니다. 만일 첫째가 부화하지 못하거나 부화하자마자 죽으면, 둘째를 키워 대를 이을 심산이었지요.

이렇게 무자비한 형제 살해나 어미 새의 매정한 모정을 보면, 그들에게는 오늘의 생존만 있는 것처럼 보입니다. 비록 약한 자손을 희생시켜 더 강한 자손의 생존력을 키운다 해도 미래의 결과는 어떨지 궁금합니다. 가끔 미래에 대한 걱정이 쓸데없는 소비가 아니라는 생각이 들 때도 있습니다.

기다림의 기쁨을 알고 있니?

오랜만에 작은아들과 저녁밥을 같이 먹습니다. 말수가 별로 없는 아들이 꿈 얘기를 합니다. 며칠 전에 똥 꿈을 요란하게 꿔서 그날 아침 바로 로또를 샀다고 합니다. 당첨 번호 발표는 이틀 후라서, 그동안 제발 1등 되기를 기다렸는데 결국 '꽝'이었다며 웃습니다. 그래도 '똥 꿈의 유효기간'인 이틀 동안 무슨 좋은 일이 있을 것 같은 기대감에 매사가 즐거웠다고 합니다. 기다림 속에는 즐거움이 절반 이상은 섞여 있는 것 같습니다. 설령 원하던 결과가 나타나지 않는다고 해도 기다리는 동안의 설렘은 나를 춤추게 합니다. 그러니 기다림은 확실히 희망입니다.

곤충학자의 길을 걸으면서 나는 헤아릴 수 없는 기다림에 파묻혀 삽니다. 내게 기다림은 설렘과 두근거림입니다. 알려지지 않은 곤충을 연구하려면 많은 발품과 노력이 들어갑니다. 전국 방방곡곡의 산과 들을 다니며 곤충을 채집해야 하는데, 출발하기 전날 밤은 기다림으로 잠을 설칩니다. 다음 날 비 오지 않길 기도하며 잠을 청하지만, 토끼잠을 자다 새벽같이 눈을 떠 밖을 내다봅니다. 하늘이 구름 한 점 없이 청명하면 콧노래가 절로 나옵니다.

버섯살이 곤충을 연구하다 보니 이곳저곳에서 버섯이란 버섯은 종별로 모두 조금씩 따옵니다. 대개 나무에 나는 버섯은 종잇장처럼 얇아서, 그 속에 어떤 곤충이 살고 있는지 현장에서는 알 수 없습니다. 그래서 실험실이나 집에 데려와 버섯 속에 '살고 있을지도 모를' 곤충을 키웁니다. 애초에 데려온 버섯 속에는 알이 있는지 애벌레가 있는지 어른벌레가 있는지 아니면 아무것도 없는지 모릅니다. 키우며 기다려봐야 압니다. 기다리지 않고 버섯 속의 곤충을 확인하느라 버섯을 쪼개면 곤충의 주거지가 파괴되기 때문에 '살고 있을지도 모를' 곤충이 죽고 맙니다. 버섯살이 곤충은 생애주기가 길어 짧아도 한 달, 길게는 두 달을 기다려야 버섯 속의 주인공을 만날 수 있습니다.

버섯 표면에 곤충이 먹고 싼 똥 부스러기가 삐져나오면 벅찬 희망이 솟습니다. 똥 부스러기가 있다는 건 버섯 속에 곤충이 살아 있다는 증거거니까요. 그럴 때는 조심스럽게 현미경 아래에서 버섯 속의 애벌레를 찾아 사진을 찍고 몸 크기를 재 꼼꼼하게 기록합니다. 그런 후 제발 별일 없이 잘 크길 기도하며 애벌레를 다시 버섯 속에 넣어 잘 마무리합니다. 하루 이틀 사흘…, 한 달…, 가슴 조이며 여러 날을 기다립니다. 이 버섯 속에 사는 애는 누굴까? 과연 죽지 않고 끝까지 살아줄까? 궁금함 반 설렘 반입니다. 그러던 중 애벌레가 번데기를 거쳐 어른벌레로 우화하면, 버섯에서 탈출해 얼굴을 보여주면, 나도 모르게 "만세!"를 외치며 환호합니다. 기다림이 큰 만큼 기쁨도 큽니다. 물론 데려온 버섯에서 곤충이 다 나오는 건 아닙니다. 열 개 중 한 개의 버섯에서 곤충이 나올까 말까 합니다. 이쯤이면 확률이 아주 낮은 복불복 게임과 비슷하지요. 설령 그렇다 하더라도 몇 달 동안 조개껍데기만 한 버섯 조각을 바라보며 곤충을 기다리는 심정은 들뜸과 간절함입니다.

나는 반딧불이의 불춤을 기다릴 때가 가장 설렙니다. 일 년에 몇 번씩 남방계 곤충을 보러 제주도에 갑니다. 6월 밤이면 여러 곶자왈 숲에서 운문산반딧불이가 불춤을 춥니다. 우리나라 어느 곳보다 제주도 곶자왈의 반딧불이의 불춤은 압도적입니다. 개체 수도 많거니와 상록의 키 큰 나무들이 하늘을 가릴 만큼 빽빽하게 자라고 있어 숲속이 그야말로 칠흑같이 깜깜하기 때문입니다. 그런 환경이 파괴되지 않고 잘 지켜지길 바라나, 현재 제주도의 개발 속도를 보면 반딧불이의 생존에 적잖이 타격이 갈 것 같아 걱정이 앞섭니다. 할 수만 있다면 제주도 전체를 천연보호구역으로 정하자고 떼쓰고 싶은 마음이 굴뚝같습니다.

운문산반딧불이는 사람들이 잠드는 오밤중에 활동하니, 늦은 밤까지 숲속에서 기다려야 합니다. 저녁노을이 물러가고 땅거미가 내리면 곶자왈 숲도 깜깜해집니다. 어둠 속을 걸을 땐 정글을 탐험하는 것처럼 신비하지만, 가끔은 등골이 오싹할 정도로 무섭습니다. 찌르르르 풀벌레 노랫소리, '솥적다, 솥적다'며 울어대는 소쩍새 소리, 사락사락 나뭇잎 부딪치는 소리, 파르르 나무줄기가 흔들리는 소리에 깜짝깜짝 놀라지만, 꾹 참고 기다려야 반딧불의 현란한 불춤을 볼 수 있습니다. 그렇게 설렘 반 무서움 반의 상태로 기다리다 보면, 어느덧 밤이 깊어 시간은 오밤중으로 달려갑니다.

기다림의 끝, 드디어 반딧불이가 날기 시작합니다. 하나

둘 셋…, 여기서 번쩍 저기서 번쩍. 어디가 길이고 어디가 수풀인지 분간이 안 될 정도로 어두운 숲속에서 반딧불이 수십 마리가 나와 반짝반짝 춤을 춥니다. 영롱한 불빛을 내면서 이쪽에서 저쪽으로 휘리릭 날아갑니다. 그 모습이 너무 신비롭고 아름다워 입이 다물어지지 않습니다. 1분에 50번 이상 깜박이는데, 수백 마리가 동시에 불빛을 내면 숨이 멎을 것 같습니다. 한 자리에 서서 하염없이 감탄사만 연발합니다. 기다림 끝에 받은 보상, 주체할 수 없는 감동이 물밀듯이 밀려옵니다.

뭐니 뭐니 해도 곤충계에서 기다림의 대왕, 인내심의 대왕은 북아메리카 지역에 사는 17년 주기매미입니다. 17년 주기매미의 기다림은 굉장히 드라마틱합니다. 애벌레는 깜깜한 땅속에서 무려 17년 동안 살다가 땅 위로 올라와

비 내리는 날의 운문산반딧불이의 불춤

어른벌레로 우화한 후, 고작 보름 동안 살다 죽습니다. 겨우 보름 살아보자고 땅속에서 17년을 기다리고 견딘 매미 애벌레를 보면 참 기구하다는 생각이 듭니다.

세상의 모든 매미는 애벌레와 어른벌레가 사는 곳이 서로 다릅니다. 애벌레는 땅속에서 살고, 어른벌레는 땅 위에서 삽니다. 매미의 이름은 애벌레의 수명에 따라 짓습니다. 애벌레가 땅속에서 17년 동안 살다 육상으로 올라와 어른벌레가 되면 17년 주기매미, 애벌레가 땅속에서 13년 동안 살면 13년 주기매미입니다. 일정한 주기를 두고 대량으로 발생하는 매미를 '주기매미'라고 하는데, 생물학적으로는 마기키카다Magicicada 속입니다. 북미 지역에는 생애주기가 긴 17년 주기매미와 13년 주기매미가 사는데, 17년 주기매미는 3종이고, 13년 주기매미는 4종이라고 합니다. 이들 주기매미는 종마다 발생하는 지역이

어른벌레로 날개돋이하고 있는 참매미

달라, 미국에서는 주기매미를 '브루드Brood-x'으로 표기합니다.

2004년에 이어 2021년에 미국 동부 지역에 '브루드-10'이라는 17년 주기매미가 떼로 나타났는데, 이때 매미 떼의 규모는 역대 최대였다고 합니다. 조 바이든 미국 대통령의 해외 순방 취재단이 탑승할 비행기 엔진에 17년 주기매미 떼가 들어가 항공기를 교체한 일도 있었다고 합니다. 수천억 마리 이상의 매미가 한꺼번에 울면 비행기 이착륙 때 나는 80데시벨보다 높은 90데시벨 정도의 소음이 난다고 하니, 한 번도 울음소리를 들어보지 못한 나로선 상상이 안 갑니다.

17년 주기매미가 땅속에서 기나긴 인고의 시간을 보내는 사정을 알고 보면 딱합니다. 한마디로 이 매미가 이런 생활을 하는 건 살아남기 위한 전략입니다. 우선 주기매미 애벌레의 주식은 뿌리 즙입니다. 17년 주기매미 애벌레는 아주 천천히 뿌리 즙을 빨아 먹습니다. 만일 수천 아니 수억 마리의 애벌레가 동시에 뿌리 즙을 빨아 먹는다면 나무가 죽을 수도 있지요. 그러면 매미 애벌레들의 식량이 사라져, 결국 애벌레 자신도 죽습니다. 매미 처지에서는 나무도 살고 자신도 살려면 나무가 손상되지 않을 정도로 적은 양의 뿌리 즙만 먹어야 합니다. 식사량이 적으니, 영양분이 적게 흡수되어 몸의 성장도 당연히 느릴 수밖에 없지요.

또 포식자에게 잡아먹힐 확률을 줄이려면 같은 시기 땅속에서 탈출해 우화하는 게 유리합니다. 그래서 성장 속

17년 주기매미

도가 빠른 맏이 애벌레가 성장 속도가 느린 막내 애벌레를 기다렸다가 동시에 우화하도록 대기 기간이 생겼습니다. 다시 말하면, 먼저 성장한 애벌레들이라도 먼저 땅 위로 올라오는 법이 없습니다. 기다렸다 수천, 수억 마리가 같은 시기에 우화합니다. 사람으로 치면 일종의 인해전술입니다. 이 전략은 주기매미의 가문을 유지하는 데 한몫을 합니다. 주기매미는 덩치만 컸지, 천적을 물리칠 어떤 무기도 가지고 있지 않습니다. 그렇다고 민첩하게 날아 도망갈 비행력도 변변치 않습니다. 산지사방에 깔려 있는 수많은 천적에게 잡아먹히면 가문을 닫아야 합니다. 하지만 수억 마리가 동시에 땅 위로 올라오면, 비록 천적들에게 잡아먹히더라도 일부는 남아 있을 가능성이 매우 높습니다. 그뿐만 아니라 17년 동안 땅속에 있다가 땅 위로 올라오면 천적 대부분은 죽거나 먹잇감을 바꿨을 수도 있습니다. 아무래도 자기 생활 주기와 천적의 생활 주기를 다르게 하면 천적과 부딪힐 기회를 줄이게 되지요. 아마 오랜 시간 진화 과정을 통해 17년씩이나 땅속에서 지내는 방향으로 적응했을 것으로 여겨집니다.

17년 세월에 대한 보상은 짝짓기입니다. 수컷은 보름도 안 되는 짧은 기간을 살면서 암컷을 향해 노래를 불러댑니다. 암컷은 노랫소리로 신랑감을 고르고 짝짓기한 후, 수백 개의 알을 나무껍질에 낳고 죽습니다. 알에서 깨어난 애벌레는 땅으로 낙하한 후, 땅속을 파고 들어가 뿌리 즙을 먹으며 17년 동안의 충생 여정을 시작합니다.

우리나라에 사는 매미도 주기매미처럼 애벌레가 일정 기간 땅속에서 삽니다. 종에 따라 애벌레로 땅속에서 지내는 기간이 다릅니다. 애매미는 1년에서 2년, 털매미는 4년에서 5년, 유지매미는 3년에서 4년 동안 땅속에서 삽니다. 주기매미와는 기간만 다를 뿐, 땅속에서 땅 위로 나갈 날만을 기다리며 목 놓아 노래 부르는 것은 비슷합니다.

'인내는 쓰나 그 열매는 달다'는 말이 딱 들어맞는 주기매미는 아마 지금쯤 땅속에서 17년 살이를 하고 있을 겁니다. 17년을 기다려야 하는 주기매미에 비해 1년에서 4년마다 세상에 나오는 우리나라 매미는 복이 아주 많은 것 같습니다.

플랜 B를 준비하라

곤충 관찰과 집필 작업에 눈이 쉴 새가 없습니다. 10년 전에 눈 수술을 받은 후, 시력은 더욱 안 좋아지고 노안까지 겹쳐 불편이 큽니다. 안경으로 일부분을 해소해 일상생활에는 큰 지장이 없지만, 곤충을 관찰할 때는 애로가 많습니다. 특히 숲속 그늘에 들어가면 명암 적응이 늦어 나무껍질에 있는 곤충을 놓치기 일쑤입니다. 몸길이가 2~3밀리미터밖에 안 되는 곤충은 현장에서 관찰할 엄두가 안 납니다. 노화인 줄 알면서도 선뜻 받아들이지 못해 한동안 나이 들어가는 서러움에 우울했던 적도 있습니다. 이 상황에서 어떻게 벗어나야 할지 비상구를 찾습니다. 그렇다고 노화를 되돌릴 수 없는 법. 작은 것부터 바꿔봅니다. 큰 모니터로 바꾸기, 노트북 사용하지 않기, 워드 작업에서 글자 포인트 키우기, 야외 현장에서 만난 미소 곤충은 카메라로 촬영하거나 집으로 데려와 현미경으로 관찰하기, 직접 채집하는 대신 트랩 설치하기 등등. 그동안의 몸에 익은 연구 방법에서 벗어나봅니다. 전성기 때만큼 연구 속도는 안 나지만, 여전히 계획한 연구를 할 수 있어 만족하며 지냅니다.

요즘 식용 곤충에 관한 관심이 높아지면서 굼벵이의 몸값이 높아지고 있습니다. "굼벵이도 구르는 재주가 있다"의 그 굼벵이 맞습니다. 메뚜기 못지않게 영양분이 가득해 미래의 대체식량으로 주목받고 있지요. 사실 예로부터 우리 조상들은 굼벵이를 민간요법에 이용하기도 했습니다.

굼벵이의 정식 이름은 흰점박이꽃무지 애벌레로, 원래 살았던 곳은 초가지붕이었습니다. 70년대까지만 해도 우리나라의 시골집 대부분이 초가집이었습니다. 초가지붕에 덮인 볏짚은 여러 곤충의 밥이 됩니다. 그 가운데 흰점박이꽃무지 애벌레는 초가지붕의 최대 주주로 10달 내내 지붕의 볏짚을 먹습니다. 대개 지붕의 볏짚은 가을 추수가 끝나고 겨울이 오기 전에 새로 가는데, 이때 굼벵이가 지붕 아래로 후드득 떨어지기도 합니다.

초가집이 사라지고 현대식 주택이 들어서면서 굼벵이에게도 위기가 닥쳤습니다. 자신의 터전인 볏짚 지붕이 사라졌으니 죽을 수밖에 없는 운명이 되어버린 거지요.

낙엽 쌓인 숲 바닥으로 거처를 옮긴 굼벵이

이 아니면 잇몸으로 사는 법, 위기에 빠진 굼벵이들은 서식지를 새로운 곳으로 옮기고 먹이도 대체하기로 합니다. 거처는 식물이 자라는 풀밭이나 낙엽 쌓인 숲 바닥으로 옮기고, 먹이는 볏짚 대신에 썩은 풀잎이나 풀줄기, 낙엽으로 바꿉니다. 어차피 볏짚이나 썩은 낙엽은 같은 섬유질을 지닌 식물이니 큰 문제가 없습니다. 그래서 초가집이 사라졌어도 흰점박이꽃무지는 야생에서 살아남을 수 있었습니다. 심지어 식용 곤충으로 대우받으면서 농가에서는 사료를 먹여 키우기도 합니다.

이에 비해 멸종위기종으로 지정된 비단벌레나 장수하늘소는 겨우 명맥만 유지할 뿐 가문이 끊길 위기에 있습니다. 생태계 파괴 등 외적인 요인도 있지만, 그들 자체가 환경 변화에 따른 대처 능력이 부족한 것도 한 원인입니다.

알락하늘소

곤충은 남의 밥상을 넘보지 않는다

곤충에게 생애주기는 생존에 영향을 미치는데, 보통 곤충은 일 년에 한살이가 한 번 돌아갑니다. 하지만 장수하늘소나 비단벌레의 생애주기는 4~5년으로, 특히 나무속에서 사는 애벌레 기간이 90% 이상으로 길어 생애 대부분을 차지합니다. 그러니 지구 온난화나 생태계 파괴, 산불과 같은 자연재해가 일어나면 나무속에 살던 애벌레들이 고스란히 피해를 봅니다. 할 수만 있다면 생애주기를 여느 곤충들처럼 1년으로 조절해 멸종 위기에서 벗어나게 하면 좋으련만, 그게 마음대로 되는 일이 아니라 안타깝기만 합니다.

굼벵이 못지않게 사구성 곤충도 위기 상황에 잘 대처합니다. 해수욕장을 비롯해 바닷가에 끝없이 펼쳐지는 모래밭을 '해안사구'라고 합니다. 이곳은 겉보기에 너무 척박해

사구성 곤충인 조롱박먼지벌레

어떤 생물도 살고 있지 않을 것 같지만, 실제 식물, 곤충, 새 등 많은 생물이 살고 있습니다. 해안사구에 사는 곤충을 '사구성 곤충'이라고 하는데, 이들은 사구를 떠나서는 살 수 없습니다. 특정 서식지에 산다는 것은 까다로운 적응 과정을 거친 결과이기 때문에, 사구성 곤충은 전체 곤충 중 적은 비율을 차지합니다. 그만큼 모래땅에서 살기란 어렵다는 거지요.

사구성 곤충은 대개 사구성 식물 주변에서 사는데, 봄이나 가을에는 모래 위로 나와 잠시 활동하기도 합니다. 한여름 낮, 해안사구의 모래는 불 위에 올린 양은 냄비처럼 뜨겁습니다. 만일 이때 곤충이 모래밭 위에 있다간 화상을 입고 즉사할 겁니다. 그래서 사구성 곤충이 선택한 것은 바로 밤입니다. 저녁노을이 지고 어둠이 깔리면 바닷가 모래밭에 갯바람이 불어와 낮 동안 달궈진 모래를

사구성 곤충인 모래거저리

식혀줍니다. 칠흑 같은 어둠 속에서 파도가 하얗게 부서지고 하늘엔 별이 떠오릅니다. 그러자 낮 동안 모래 속에 숨어 있던 사구성 곤충이 모두 나와 모래밭을 통째로 세낸 듯 활보하고 다닙니다. 그곳에서 식사도 하고 짝을 만나기도 합니다. 모래거저리, 모래거저리붙이, 바닷가거저리, 큰집게벌레, 큰조롱박먼지벌레 등이 모여 한바탕 축제를 벌입니다. 어떤 녀석은 밥 먹는 데 열중하고, 어떤 녀석은 짝짓기에 열중하며 주어진 하루의 삶을 이어가다 동트기 전에 다시 모래 속으로 들어가 잠에 듭니다.

해안사구는 때때로 비라도 오니 그나마 낫습니다. 나미브사막에서 사는 나미브사막거저리는 최악의 상황에서 살아갑니다. 나미브사막은 비가 오지 않아 수분이 절대적으로 부족하고, 온도도 섭씨 60도까지 올라가 생물이 살아가기에 불가능해 보입니다. 하지만 나미브사막거저리는 가끔 이른 아침에 짧게 내리는 안개를 이용해 수분을 섭취합니다. 안개가 낀 날, 나미브사막거저리가 바람이 불어오는 방향으로 엎드려 물구나무를 서면, 날개에 안개가 고여 물방울이 만들어집니다. 날개에는 울퉁불퉁한 돌기들이 있어 물방울을 잡아주는 데 큰 역할을 하지요. 이 물방울은 등을 타고 내려와 입속으로 흘러갑니다. 열악한 환경에도 '물구나무 전략'을 세워 생존에 성공했으니, 나미브사막거저리의 전략은 본받을 만합니다.

우리나라의 해안사구가 파괴되어 사라지고 있습니다. 동

물구나무서기를 하고 있는 나미브사막거저리

해안 7번 국도를 따라 이어지는 해안사구의 면적이 줄고 있고, 서해안 역시 마찬가지입니다. 방파제, 공항, 도로, 건물, 식당 등 과도한 개발이 원인입니다. 그와 함께 사구성 생물이 죽어가고, 살아남은 녀석들도 갈 곳을 잃고 서성이고 있습니다. 사구성 생물은 사구를 떠나면 죽을 가능성이 매우 높습니다. 현재 척박한 환경을 극복하고자 플랜 B를 만들어 살고 있는 사구성 생물에게 플랜 C까지 마련하라고 하는 것은 너무 염치없는 일입니다. 모래밭을 그들에게 돌려줘야 합니다.

개성은 하늘의 별만큼 많아

긴 명절 연휴에 오랜만에 식구들이 한자리에 모였습니다. 큰아들은 작은 사육장과 크고 작은 짐 보따리를 잔뜩 싸 왔습니다. 한 번 오면 대개 하루 이틀 머물다 내려가는데, 키우는 도마뱀 살림살이를 챙겨온 걸 보니 이번 연휴엔 집에 길게 머물 모양입니다. 피는 못 속이는지, 아들도 동물 키우는 걸 좋아합니다. 아들이 키우는 도마뱀은 호주의 건조지역에서 사는 턱수염도마뱀입니다. 길어야 며칠이겠지만 도마뱀까지 합류했으니, 졸지에 우리 집은 곤충, 강아지, 새와 도마뱀이 자라는 동물농장이 되었습니다. 아들은 도마뱀의 체온이 떨어지지 않게 빠르게 사육장을 꾸미기 시작합니다. 유리 사육장 안에 등반용 나뭇가지, 해먹, 인공 바위, 일광욕을 위한 UVB 램프와 히팅 램프 등을 설치하니, 제법 아늑한 도마뱀 집 모양새가 갖춰집니다.

유리 사육장의 UVB 램프 아래에서 그네처럼 달아놓은 해먹에 납작 엎드려 일광욕을 즐기는 턱수염도마뱀은 참 특이하게 생겼습니다. 꼬리가 몸길이의 절반을 차지할 정도로 길고, 주변 자극에 따라 표정이 바뀌며, 평소 몸은 황갈색인데 일광욕할 때 빛을 흡수하기 위해 등판이 시커멓게 변합니다. 특히 위험을 느껴 자기방어 행동을 할 때면 개성이 넘칩니다. 낯선 사람인 내가 가까이 다가가면 심기가 불편한 듯, 목도리도마뱀처럼 턱 밑 부분을 풍선처럼 부풀리고 동시에 턱 밑 가장자리에 있는 가시를 바짝 세우며 힘을 과시합니다. 심지어 황갈색이었던 턱 아랫부분이 시커멓게 변하기까지 합니다. 그것도 성에 안 차는지 자신을 더 크게 보이기 위해 입을 크게 벌려 위협합니다. 많은 감정을 턱으로 표현합니다.

마침 해먹에 앉은 수컷이 암컷을 향해 구애합니다. 고개를 격렬하면서도 절도 있게 상하로 까딱까딱 움직입니다. 그러자 등반용 나뭇가지에 앉아 있던 암컷이 머리를 까딱까딱하며 화답합니다. 그러더니 냅다 오른쪽 앞다리를 들어 허공에 대고 아주 천천히 시계 반대 방향으로 돌린 후, 왼쪽 앞다리를 들어 천천히 시계 반대 방향으로 돌립니다. 눈을 껌벅거리며 쉴 새 없이 양쪽 다리를 번갈아가며 천천히 돌리는 모습은 마치 슬로비디오를 보는 것 같습니다. 상대방에게 복종할 때도 앞다리를 번갈아 돌린다고 합니다.

더 재밌는 건 큰아들이 턱수염도마뱀을 지극정성으로 온욕을 시켜주며 아기 코를 풀어주듯이 주둥이를 살살 닦아주는데, 그때마다 기분 좋아서인지 물속에다 똥오줌을 눕니다. 습관을 그리 들여서인지 온욕하지 않으면 배설하지 않는다 하니 개성치고는 좀 까탈스럽습니다. 그렇지만 보살피는 아들을 알아보고 나름 애정까지 표현한다니, 너무 작아 표정을 볼 수 없는 곤충을 키우는 나로선 신기하기만 합니다.

몸 크기나 뇌 용량 면에서 척추동물인 파충류와 비교할 수 없지만, 무척추동물인 곤충도 개성이 차고 넘칩니다. 전체 지구 동물 종 수의 3분의 2를 차지할 정도로 종수가 많아서 곤충의 개성 넘치는 이야기를 하려면 몇 날 밤을 꼬박 새워도 모자랍니다. 어렸을 적 밤새는 줄도 모르고 읽었던 《아라비안나이트》처럼요. 치열한 야생에서 생존하다 보니 각각의 종마다 개성이 두드러지고, 행동이 천차만별로 차별화되어 애깃거리라 많기 때문입니다.

산책하다 어쩌다 길옆 풀밭에 들어가면 곤충이 여기저기서 툭툭 튑니다. 곤충 대부분은 적어도 사람보다 높이 뛰기를 잘합니다. 그 가운데 우리 주변에서 많이 볼 수 있는 흔한 곤충인 거품벌레는 곤충계의 높이뛰기 챔피언입니다. 봄이면 버드나무나 소나무 등의 어린 나뭇가지에 비누 거품을 모아놓은 것처럼 거품 덩어리가 붙어 있는데, 이 거품 덩어리 속에서 거품벌레 애벌레가 살고 있습니다. 거품은 애벌레가 수액을 빨아먹고 싼 똥입니다. 거품벌레는 물똥을 버리지 않고, 알뜰히 모아 자기 몸을 덮는 집으로 재활용합니다. 실제로 미끈거리는 거품 덩어리를 살살 걷어 보면, 20여 마리의 애벌레가 뒤섞여 있습니다. 천적을 피해 거품 덩어리 속에서 수액을 먹으면서 살다가, 다 성장하면 어른벌레가 되어 각자 흩어져 자유 생활을 합니다.

바로 그 어른벌레가 높이뛰기의 대가라 지구의 곤충을 통틀어 그 누구도 따를 자가 없습니다. 몸길이가 6mm밖에 안 되는 거품벌레가 무려 70cm까지 뛴다니 입이 다물

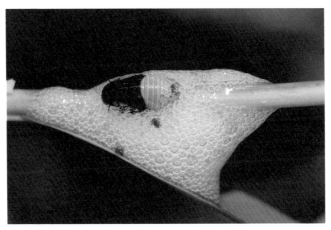

거품 속에서 살아가는 거품벌레 애벌레

어지지 않습니다. 180cm의 사람으로 환산했을 때 210미
터를 단박에 뛰어오르는 것과 같습니다. 이런 사실은 영
국 케임브리지대학교의 동물학과 교수인 말콤 버로우즈
Malcolm Burrows가 처음 알아냈는데, 그 비결은 알통처럼
굵은 뒷다리에 있습니다. 거품벌레는 뒷다리와 연결된 가
슴 근육에 에너지를 저장하고 있다가, 그 에너지를 새총
쏘듯이 순간적으로 방출합니다. 이 근육은 자신의 몸무게
의 11%나 차지하고 있어 폭발적인 힘을 낼 수 있습니다.
졸지에 벼룩은 2등으로 뒤처졌습니다. 거품벌레가 높이
뛰는 이유는 단 하나, 천적을 피하기 위해서입니다. 포식
자를 만났을 때 재빨리 높이 뛰어 도망치면, 포식자는 '닭
쫓던 개가 지붕 쳐다보는' 신세가 됩니다.

방아벌레도 높이 뛰어오르는 데 일가견이 있습니다. 다

높이뛰기의 대가 갈잎거품벌레

만 거품벌레와 다르게 방아벌레는 높이 튀면서 공중제비 돌기를 선보입니다. '방아벌레'는 말 그대로 공중으로 뛰어올랐다가 바닥에 뚝 떨어지는 모습이 방아 찧는 모습과 비슷해서 붙은 이름입니다. 또 뛰어오를 때 '똑딱' 소리를 내서 '똑딱벌레'란 별명이 붙었고, 비슷한 이유로 영어권에서는 '클릭 비틀즈Click beetles(똑딱 소리를 내는 딱정벌레)'라 불립니다.

봄철이면 매혹적인 붉은색의 대유동방아벌레를 식물 잎 위에서 자주 볼 수 있습니다. 쉬는 녀석을 살짝 건드리기만 해도, 순간 '얼음'이 되어 팔다리와 더듬이를 오그리고 기절한 채 바닥으로 떨어져 벌러덩 눕습니다. 일어나라고 흔들어 깨워도 꼼짝도 안 하고 있다가, 일정한 시간이 지나야 움직이기 시작합니다. 3분 정도 지나자, 녀석의 다리와 더듬이가 꿈틀거립니다. 그러더니 눈 깜짝할 사이

왕빗살방아벌레

에 '탁' 소리를 내며 공중으로 뛰어올랐다가 번개처럼 땅에 뚝 떨어집니다. 이때 벌러덩 뒤집혔던 몸뚱이가 똑바로 앉아 있습니다. 그러고선 재빨리 줄행랑을 칩니다. 하도 신기해 도망가는 녀석을 조심스럽게 건드리니 어김없이 벌러덩 누워 기절합니다. 잠시 후 이번에도 방아를 찧는 것처럼 어김없이 펄쩍 뛰어 공중제비돌기를 해 바닥에 사뿐히 앉습니다. 열에 아홉 번은 신들린 듯 펄쩍펄쩍 뛰어올랐다가 바닥에 내려와 똑바로 앉습니다.

　방아벌레가 뛰어오르는 높이는 몸집에 따라 다르겠지만, 어떤 녀석은 25cm까지도 뛰어오른다고 합니다. 키가 1cm도 채 안 되는 녀석이 누워 있는 자세에서 다리 힘을 사용하지 않고 오로지 몸의 반동만 이용해 제 몸길이의 25배의 높이를 뛰어오른다는 건 놀라운 일입니다. 키가 180cm인 사람이 45m를 뛰어오르는 것과 같습니다. 방아

위험에 맞닥뜨리면 가사 상태에 빠지는 대유동방아벌레

벌레가 높이 뛰는 이유 역시 천적에서 벗어나기 위해서입니다.

산불이 나면 쾌재를 부르는 특이한 녀석도 있습니다. 침엽수비단벌레는 산불이 났다 하면 너무 좋은 나머지 불구덩이 속으로 날아 들어갑니다. 침엽수비단벌레가 화마가 휩쓸어버린 산을 겁도 없이 찾아가는 이유는 결혼하고 알을 낳기 위해서입니다. 침엽수비단벌레는 나무가 탈 때 나는 연기 냄새를 기막히게 맡고 불에 시커멓게 타버린 나무를 찾아 날아듭니다. 특이하게 녀석은 가운뎃다리 옆에 '피트 기관'이라고 하는 고도로 발달한 적외선 센서를 가지고 있습니다. 이 센서는 주변에서 발생한 웬만한 산불뿐만 아니라, 심지어 10km 이상 떨어진 곳에서 발생한 산불도 알아차린다고 합니다.

침엽수비단벌레

침엽수비단벌레가 목숨 걸고 불에 탄 나무에서 사는 이유는 절박합니다. 그곳엔 경쟁자가 없기 때문입니다. 산불이 나는 바람에 그곳에 살던 천적이나 경쟁자들은 불을 피해 도망치거나 불에 타 죽었을 겁니다. 비록 척박한 환경이지만 그곳에 있는 나무속에 알을 낳으면 가문을 이어갈 수 있습니다. 알에서 깨어난 애벌레는 폐허가 되어 아무도 살지 못할 것 같은 시커먼 숲에서 나무속을 파먹으며 일 년 넘게 살아갑니다. 대부분 불길이 나무의 겉만 태웠을 뿐 나무속은 태우지 않았기에 가능한 일입니다.

집에만 사는 곤충도 있습니다. 도롱이벌레입니다. 말 그대로 도롱이처럼 생긴 주머니 속에서 산다고 해서 그렇게 부르는데, 사실 주머니나방이 정식 이름입니다. 주머니나방 애벌레는 독립심이 강해 알에서 깨어나자마자 혼자 힘으로 도롱이 모양의 집을 만듭니다. 건축 설계도는 애초에 없고, 재료는 명주실과 식물 부스러기뿐입니다. 알에서 태어난 도롱이벌레는 입에서 명주실을 토해내 제 몸이 들어갈 수 있는 자루 옷을 만듭니다. 그리고 주변에서 나무 부스러기나 잎 부스러기를 끌어와 명주실 자루에 붙이면 도롱이 같은 집이 완성됩니다. 평생을 그 도롱이 집에서 사는데, 몸집이 커지면 그에 맞춰 집의 크기를 늘립니다. 특이하게 도롱이 집의 위쪽과 아래쪽에는 구멍이 각각 뚫려 있습니다. 위쪽 구멍은 몸을 집 밖으로 내놓고 식사하기 좋도록 크게 뚫려 있고, 아래쪽 구멍은 똥을 버리기 좋도록 아주 작게 뚫려 있습니다. 단순하지만 실용적인 집입니다. 이렇게 만들어진 집에 살면 비바람이 몰아쳐도 견딜 수 있고, 천적의 눈에도 잘 띄지 않습니다.

그런 집이 좋아서인지 도롱이벌레는 평생 집을 떠나지

도롱이벌레(주머니나방류 애벌레)

않습니다. 그나마 수컷은 어른벌레가 되면 도롱이 집에서 탈출하지만, 암컷은 어른벌레가 되어도 갑갑한 집 속에 갇혀 삽니다. 심지어 짝짓기도 집에서 합니다. 암컷은 페로몬을 방출해 수컷을 도롱이 집으로 불러들입니다. 수컷이 집에 당도하면 짝짓기가 시작됩니다. 암컷이 집 아래쪽 구멍으로 배 끝을 내놓으면, 수컷은 이 순간을 포착해서 공중에 아슬아슬하게 매달린 채 짝짓기를 시작합니다. 당연히 부부는 서로의 얼굴을 보지 못하지요. 고난도의 짝짓기를 마친 수컷은 날아가고, 암컷은 자신이 살고 있는 집에 3,000개의 알을 낳습니다. 비록 평생 집 밖에 나가지 못하긴 하지만, 안전하게 짝짓기하고 산란까지 할 수 있으니, 암컷에게는 도롱이 집만큼 믿을 만한 것이 없습니다.

이렇게 곤충은 종수가 어마어마하게 많은 만큼 특이한 개성과 재주 또한 다양합니다. 불빛을 내는 반딧불이, 뜨거운 폭탄을 발사하는 폭탄먼지벌레, 춤추는 꿀벌, 물구나무서는 등에잎벌, 누워 헤엄치는 송장헤엄치게 등 곤충의 특출 난 개성은 하늘의 별만큼 많습니다.

상식은 또 다른 편견

곤충은 시청자들의 호불호가 갈려 방송 소재로는 적합하지 않은지 관련 방송이 매우 적습니다. 곤충에 대한 편견 때문입니다. 한때 7~8년 동안 여러 방송의 게스트로 초대되어 곤충 이야기를 풀어낸 적이 있습니다. 게스트 출연에다 고작 몇십 분 방송되는 분량이었지만, 생방송이 있는 날은 하루를 비워놔야 해서 야외 관찰 작업과 연구와 강의 등을 위해 시간을 쪼개 써야 하는 저로선 부담스럽기도 했습니다.

진행자는 대개 잘 알려진 아나운서나 방송인이었는데, 곤충을 바라보는 시선이 제각각이었던 게 흥미로웠습니다. '우~와~우와~'라는 BGM으로 프로그램의 시작을 강렬하게 알리는 <퀴즈탐험 신비의 세계>의 진행자였던 이계진 전 아나운서와도 몇 년 동안 일주일에 한 번씩 라디오 방송을 진행했는데, 역시 장수 동물 프로그램의 진행자답게 동물 생태에 폭넓은 이해와 관록 넘치는 센스가 있어 호흡이 잘 맞았습니다. 특히 중간중간에 "곤충이 어떤 면에선 사람보다 낫네요" "하찮을 것 같은 곤충이 참 지혜가 많네요"라며 훈훈한 추임새까지 곁들여주어 생방송 내내 생동감이 넘쳤고, 청취자들의 반응도 좋았습니다.

반면 간혹 '곤충은 해롭고 징그러운 존재란 편견'을 가진 진행자도 있었습니다. 곤충이란 말만 들어도 등골이 오싹하고, 특히 곤충 수십 마리가 콩나물 대가리처럼 모여 있는 모습을 보면 온몸에 소름이 돋는다고 합니다. 그러다 보니 진행자는 질문지를 소화하는 것조차 버거워했고, 게스트였던 나는 그 앞에서 풀 죽어 곤충 이야기를 풀어냈던 기억이 납니다.

방송용 곤충을 선발하는 것도 일입니다. 대개 청취자나 방송 관계자는 지극히 평범한 곤충보다는 특이한 습성을 가진 곤충에 흥미를 갖습니다. 곤충에게는 지극히 상식적인 행동인데 사람의 머리로는 이해할 수 없는 거지요. 한번은 방송을 마치고 스튜디오 밖으로 나오는데, 이야기를 다 듣고 있던 담당 피디가 곤충에 대해 감탄을 늘어놓습니다.

"곤충의 생명 창조 능력은 거의 하느님 수준인 것 같아요. 결혼을 안 한 암컷이 홀로 새끼를 낳는 것도 놀라운데, 딸 낳고 싶으면 딸을 낳고, 아들 낳고 싶으면 아들을 낳고, 알을 낳고 싶으면 알을 낳고, 날개 달린 자식을 낳고 싶으면 날개 달린 새끼를 낳고, 날개 없는 자식을 낳고 싶으면 날개 없는 새끼를 낳으니까요."

피디가 극찬한 그 곤충은 진딧물입니다. 진딧물의 세계에서는 짝짓기를 해야만 알을 낳고 번식한다는 것이 편견에 불과합니다.

무더운 여름이 시작되는 7월이면 길가에도, 숲속 오솔길

왕원추리꽃

옆에도, 공원의 꽃밭에도 주황색 원추리꽃이 피어납니다.
우중충한 하늘이 계속되는 장마철에 원추리꽃을 발견하
기만 해도 마음이 밝아집니다. 그래서 옛 어른들은 원추
리를 뒤뜰 꽃밭에 심어두고, 환하게 핀 꽃을 바라보며 더
운 여름을 이겨냈습니다. 사람들이 좋아해서인지 원추리
는 별명을 여럿 가지고 있습니다. 원추리나물을 먹으면
정신이 몽롱해져 걱정거리를 잊게 해준다고 해서 '망우초
忘憂草', 꽃을 말려 베개 속에 넣고 자면 금실이 좋아진다고
해서 '금침화金枕花', 꽃을 머리에 꽂고 있으면 아들을 낳는
다고 해서 '의남화宜男花'라고 불렀다 합니다. 원추리는 아
침마다 꽃을 피우고, 저녁에 시듭니다. 원추리 꽃대 하나
에는 여러 송이의 꽃봉오리가 매달리는데, 가장 먼저 성

숙해진 꽃봉오리 순으로 매일 한 송이씩만 피웁니다.

무심결에 원추리 꽃대를 들추는데, 물컹한 뭔가가 손에 닿더니 툭 터집니다. 얼른 손을 떼고 들여다보니 웬걸, 진딧물 수십 마리가 발 디딜 틈 없이 붙어 있습니다. 이 진딧물은 원추리꽃의 스토커이자 불청객인 인도볼록진딧물입니다. 이름은 외래종 같지만, 순수 토종입니다. 말랑말랑한 피부, 노르스름한 몸뚱이, 제 몸길이만큼이나 긴 까만 더듬이, 엉덩이에 난 두 개의 뿔을 가진 인도볼록진딧물들이 엎드린 채 머리를 처박고 꽃즙을 먹고 있습니다. 원추리 입장에선 환장할 노릇입니다. 봄 내내 잎을 갉아먹는 벌레들에게 시달리다, 이제 꽃 좀 피워보려니까 꽃봉오리가 맺히기 무섭게 진딧물이 꼬이니 말입니다. 한두 마리도 아니고 수십, 아니 수백 마리가 꽃봉오리마다 달라붙어 있으니 기가 찰 겁니다.

원추리 꽃봉오리에 발 디딜 틈 없이 붙어 있는 인도볼록진딧물

수많은 진딧물 가운데 유난히 몸집이 큰 배불뚝이 진딧물 몇 마리가 있습니다. 배가 풍선처럼 빵빵하게 부풀어 금방이라도 펑 터질 것 같습니다. 다른 진딧물에 비해 몸집이 큰 걸 보니 엄마 진딧물입니다. 세상에! 그 엄마 진딧물이 머리를 아래로 수그린 채 가녀린 뒷다리로 몸을 지탱하면서 엉덩이를 하늘 쪽으로 치켜들고 아기를 낳고 있습니다. 엄마는 힘이 드는지 잠깐 숨을 고릅니다. 잠시 뒤 필사적으로 힘을 주니 엄마 배 끝에서 아기가 쏙 빠져나옵니다. 산고를 이겨낸 어미는 기진맥진한 듯 움직이지 않고 가만히 앉아 쉬다, 다시 또 아기를 낳기 시작합니다. 놀랍게도 새끼를 낳고 있는 엄마는 미혼모입니다. 즉 짝짓기하지 않았다는 이야기입니다. 짝짓기하지 않았는데, 멀쩡하게 새끼를 낳다니 능력자가 틀림없습니다.

처녀 엄마가 새끼를 낳는 것을 '처녀 생식' 또는 '단위

새끼 낳는 딱총나무수염진딧물

생식'이라고 합니다. 진딧물이 '처녀 생식'을 해 얻는 이득은 어마어마하게 큽니다. 생리적인 구조상 암컷은 난소를 가지고 있어 번식의 주체입니다. 난소에서 스스로 이배체 알을 만들어 새끼를 낳을 수 있으니, 그 번식 속도는 그 누구도 따라잡지 못합니다. 게다가 새끼가 너무 많아 먹잇감이 부족하면 처녀 엄마는 날개 달린 딸을 섞어 낳기 시작합니다. 날개가 달려야 이사 가기 쉽기 때문이지요.

가을이 옵니다. 진딧물은 서서히 월동 준비를 합니다. 이때 놀라운 일이 일어납니다. 진딧물들은 먹이식물을 과감하게 바꿉니다. 여름 내내 먹었던 원추리꽃을 떠나 고추나무로 이사합니다. 고추나무에 도착한 뒤 엄마는 아들을 낳는데, 아들은 짝짓기용입니다. 아들 진딧물은 다른 집단의 처녀 진딧물과 사랑을 나눕니다. 거의 10세대 만에

날개가 없는 무시충과 날개가 달린 유시충이 섞여 있는 모습

수컷과 암컷의 유전자가 섞이는 순간입니다. 짝짓기를 마친 후 수컷은 죽고, 암컷은 고추나무에 알을 낳아 겨울을 납니다. 봄이 되면 알에서 아빠 유전자를 가진 인도볼록 진딧물 새끼가 부화합니다.

이렇게 진딧물 암컷은 먹이가 풍성한 봄과 여름에 짝짓기 없이 새끼를 낳고, 가을에는 추운 겨울을 견뎌내기 위해 수컷과 짝짓기한 후 알을 낳습니다. 또 먹이가 모자라 이사해야 할 때는 날개 달린 새끼를 낳고, 먹이가 충분할 때는 날개 없는 새끼를 낳습니다. 3밀리미터밖에 안 되는 녀석들이 어찌 그리 대단한 능력을 가졌는지 놀라울 뿐입니다. 진딧물에겐 자신의 번식 패턴이 지극히 상식적일 겁니다. 상식 너머에 또 다른 상식이 있다는 걸 3밀리미터밖에 안 되는 진딧물에게서 배웁니다.

한 템포 쉬어가기

겨울입니다. 겨울답지 않게 따뜻한 날이 이어지더니 어젯밤에 흰 눈이 펑펑 쏟아졌습니다. 눈 오고 나니 기온이 영하 10도 이하로 뚝 떨어져 몹시 춥습니다. 눈이 희뿌옇게 뒤덮은 미세먼지를 쓸어가 하늘이 살짝 닿기만 해도 쨍하고 깨질 것 같이 투명하고 새파랗습니다. 한낮에도 영하권이라 춥지만, 만 보 걷기를 채우기 위해 목도리 동여매고 올림픽 공원으로 나갑니다. 올림픽 공원은 1986년 아시안 게임과 1988년 올림픽을 기념해서 만든 공원으로 사람 나이로 치면 서른여덟 살이 넘었습니다.

내 인생에서 잘한 일을 몇 개 뽑으라면, 그중 하나가 올림픽 공원 근처로 이사 온 일입니다. 남편의 직장이 올림픽 공원 안에 있어 30여년 전에 이곳으로 이사 온 후 단한 번도 떠나본 적이 없습니다. 엎드리면 코 닿을 곳에 올림픽 공원을 두고 살았으니, '남편 찬스'를 제대로 쓴 셈입니다. 어렸을 때부터 스무 살 때까지 살았던 산골보다 더 많은 시간을 올림픽 공원과 함께했습니다. 아기자기한 산책길이 사방으로 이어지고 계절마다 아름다운 옷으로 바꿔 입는 올림픽 공원이야말로 누가 뭐래도 내 마음속 최고의 공원입니다. 공원을 한 바퀴 돌면 7천 보, 한 바퀴 반을 돌면 만 보를 걷는데, 실은 만 보 채우기가 만만치 않아 대개 7천 보에서 끝이 납니다.

마스크를 썼지만, 칼바람이 매섭게 얼굴을 때립니다. 한강으로 흘러드는 성내천 물이 꽁꽁 얼어, 평소 물질하던 물오리들이 다른 곳으로 피신했고, 얼어붙은 물가에 왜가리 한 마리가 찬바람 맞으며 위태롭게 서 있습니다. 겨울철의 짧은 햇볕을 쐬려고 고양이들이 조형물 앞 양지바른 곳에 앉아 일광욕하는데, 이따금 덩치 큰 고양이가 찾아와서 자리를 빼앗으려 험악하게 위협합니다. 고양이의 겨울나기는 혹독합니다. 그나마 몸집이 크고 기름진 털을 지닌 고양이는 낫습니다. 윤기라곤 하나 없이 누더기처럼 뭉친 털을 가진 녀석은 힘센 고양이의 힘에 밀려 홀로 후미진 곳으로 가서 웅크립니다.

한 모퉁이를 돌아 산수유나무 군락지에 다다르자, 많은 사람이 소극장의 관객들처럼 한 나무 앞에 장사진을 이루고 있습니다. 몸체보다 훨씬 큰 망원렌즈를 장착한 카메라로 사진가들이 뭔가를 향해 겨누고 있고, 그들 틈에 있던 구경꾼들도 렌즈 방향을 응시하고 있습니다. 그들의 시선을 따라가 보니 산수유 열매를 먹고 있는 새들이 있습니다. 언뜻 보니 박새, 직박구리같이 흔한 새와 나그네 새인 밀화부리 이십여 마리가 섞여 있네요. 오늘 사진가들이 주목하고 있는 새는 좀처럼 보기 힘들다는 큰밀화부리입니다.

국제적으로 희귀한 새, 그것도 산수유 열매를 먹는 장면을 사진에 담는다는 건 그리 쉽게 접할 수 있는 일이 아니라서 사진가들의 손이 바쁩니다. 자그마한 소리나 작은 움직임에도 민감한 새들이 얼마나 허기가 지길래, 사람들

밀화부리

이 지켜보고 있고 대포처럼 생긴 카메라 렌즈가 자신을 조준하고 있는데도 도망가지도 않는 걸까요? 혹독한 겨울이라 식량이 부족해 인가 가까이 날아와, 최대 천적인 사람 곁에서 죽음을 무릅쓰고 열매를 먹고 있습니다.

그러고 보면 곤충이 복 하나는 제대로 타고났습니다. 새나 고양이 같은 야생동물은 추운 겨울을 나느라 엄청 고생하는데, 곤충은 몇 달 동안 태평하게 쿨쿨 겨울잠만 자니 말입니다. 정말이지 추운 겨울날에는 개미 새끼 한 마리도 안 보입니다. 곤충은 겨울이 채 오기 전에 이미 월동 준비를 마친 후 겨울잠에 들어갔기 때문이지요.

곤충은 변온동물입니다. 스스로 체온을 조절할 수 있는 기관이 없다 보니, 몸 밖의 온도가 낮거나 높으면 견뎌내지 못하고 죽습니다. 다시 말하면, 주변 온도가 높으면 체온이 올라가고, 주변의 온도가 낮으면 체온이 내려갑니다. 곤충이 추운 겨울을 나는 방법은 매우 적습니다. 잠자는 것 외에 선택지가 거의 없습니다. 살아남기 위해 겨울잠을 자야 합니다.

곤충이 겨울잠 자는 모습은 정말 다양합니다. 종마다 오랜 진화 과정을 통해 자신에게 가장 잘 맞는 형태로 겨울잠을 자게 되었습니다. 어른벌레 상태에서 겨울잠을 자는 곤충은 꽤 많은데, 그중 무당벌레가 대표 선수입니다. 무당벌레는 늦가을에 수십 마리, 수백 마리, 수천 마리가 함께 모여 겨울잠을 잡니다. 이렇게 모일 수 있는 것은 무당벌레가 내뿜는 집합 페로몬 때문입니다. 산 밑에 있는 내 연구소의 창고 안에서 천여 마리의 무당벌레가 서로 뒤엉켜 잠을 자는 장면을 보고 생명의 경외심을 느낀 적이 있습니다. 무당벌레는 11월부터 3월까지 무려 4달 동

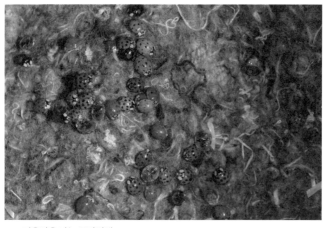

겨울잠을 자는 무당벌레

안 꼼짝하지 않고 겨울잠에 듭니다.

애벌레 상태로 겨울잠을 자는 곤충도 제법 많습니다. 썩은 나무속에서 사는 하늘소나 바구미, 낙엽 더미에서 잠자는 나비나 나방 애벌레 등이 대표적입니다. 왕오색나비 애벌레는 풍게나무 아래에서 포근히 낙엽 이불을 덮고 잠을 자지만, 때로 등산객의 등산화에 밟혀 죽기도 합니다.

또 알 상태로 겨울잠을 자는 곤충도 있습니다. 어미 사마귀는 가을에 나뭇가지나 돌멩이에 알을 낳을 때 200개도 넘는 알을 스펀지 같은 거품 물질로 따뜻하게 포장합니다. 어미의 배려 덕분에 사마귀 알은 눈보라가 쳐도 얼지 않고, 새들에게 먹히지 않은 채 편히 겨울을 납니다. 메뚜기의 알은 대부분 땅속에서 겨울을 나고, 대벌레의 알은 땅 위 어디엔가 처박혀 겨울잠을 잡니다. 특이하게 노랑털알락나방의 알은 털 이불을 덮고 겨울잠을 잡니다.

왕사마귀의 알집

털 이불을 덮고 월동하는 노랑털알락나방 알

가을에 어미가 알을 낳을 때, 자기 몸에 붙어 있는 털들을
알 위에 덮어주었기 때문입니다.

　털 이불을 덮든, 두툼한 알집 속에 있든, 나무속에 있든,
거친 광야에 있든 간에 곤충은 동상을 입지 않습니다. 동
상은 곧 죽음이므로 곤충은 자기 몸이 얼지 않도록 긴급
조치합니다. 첫 번째 방법은 탈수입니다. 겨울이 될 즈음
이면 몸속의 물을 어느 정도 빼내 체액의 농도와 삼투압
을 높입니다. 그러면 몸속에서 어는점을 낮출 수 있지요.
그러면 섭씨 0도에서 얼던 몸이 영하 10도 이하가 되어야
얼게 됩니다. 복숭아혹진딧물 어른벌레는 영하 26도, 도
둑나방은 영하 20도로 내려가야만 몸이 업니다. 두 번째
방법으로 동결보호제, 즉 부동 물질을 많이 분비합니다.
부동액에는 글리세롤, 솔비톨 등이 있는데, 이것들은 대
부분 글리코겐에서 만들어집니다. 온도가 낮거나 해의 길

이가 짧아지면 부동 물질이 많이 나오고, 온도가 높아지면 다시 글리코겐으로 바뀝니다. 예를 들면, 꿀벌부채명나방이 겨울잠에 들어갈 때 글리세롤의 함량이 월동 전보다 135퍼센트 증가합니다. 이렇게 곤충은 일생 최대의 어려운 시기가 코앞에 닥치면 모든 활동을 멈추고 몇 달 동안 세상일과 담을 쌓으며 수면 모드에 들어갑니다.

곤충 말고도 겨울잠으로 일생의 휴식을 취하는 동물이 있습니다. 개구리와 뱀도 변온동물이라 기온이 떨어지면 체온도 같이 떨어집니다. 혹독한 추위를 피해 땅속으로 들어가 겨울잠을 자는데, 그동안은 체온이 영하 1~2도까지 떨어져도 혈액이 얼어붙지 않습니다. 기온이 영하 50도까지 떨어지는 시베리아 툰드라 지역에 사는 북극땅다람쥐는 체온이 영하 3도까지 떨어져도 동상에 걸리지 않고, 따

버섯을 먹고 있는 북극땅다람쥐

곤충은 남의 밥상을 넘보지 않는다

뜻한 봄이 올 때까지 무려 8개월 동안 겨울잠을 잡니다. 그야말로 살아 있는 동안, 깨어 있는 날보다 자는 날이 더 많은 동물입니다. 포유동물인 곰도 추운 겨울이 되면 겨울잠을 자며 쉬어갑니다. 심지어 겨울잠에 들어가면 체력 소모를 줄이느라 심장박동수를 줄이고 숨을 쉬는 횟수도 줄입니다. 가을 내내 몸속에 쌓아둔 지방으로 최소한의 물질대사를 하며 겨울을 버텨냅니다.

추워서 활동하지 못하면 휴식하면 됩니다. 쉬지 않으면 죽습니다. 코앞에서 맞닥뜨린 냉혹한 현실을 맨몸으로 맞선다는 건 바위에 계란 치기입니다. 바위에 깨지는 것보다 차라리 쉼표를 찍고 한 템포 쉬어가는 게 남는 장사입니다. 하루하루를 너무 열심히 살다 보면 내가 지금 어디로 가는지조차 까먹을 때가 많습니다. 이따금 몸이 멈추어달라는 신호를 보내는 데도 알아차리지 못하고 내달리다, 세게 한 방 얻어맞은 후에야 비로소 쉼표가 필요하다는 것을 깨닫게 되지요. 롤러코스터 같은 인생 여정에서 잠시 멈추어 '이제 쉬어도 괜찮아' 하며, 자신에게 토닥토닥 위로를 건네보세요. 쉼은 재충전입니다.

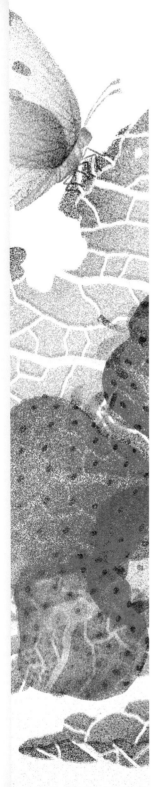

3

—

치열한
생존의 현장

✕ ✕ ✕

나를 바꾸는 게 더 편해

경기도 깊은 산골에 야외곤충연구소를 세운 지 8년이 넘어갑니다. 서울에 있는 집에서 출퇴근하기 힘들어 일주일에 하루 이틀 머물며 곤충을 관찰합니다. 나는 이곳을 '곤충의 밥상' 또는 '곤충 사랑방'이라고 부릅니다. 겉보기엔 평범한 풀밭 같지만, 그곳에 사는 식물은 곤충 대부분이 좋아하는 종들입니다.

처음 이곳에 터를 잡았을 때는 사람들의 발길이 뜸하고 주변에 집도 별로 없어 생태 환경이 매우 청정했습니다. 하지만 세월이 흐르면서 주변에 농막과 집들이 하나둘씩 들어서기 시작했습니다. 자연스레 건물의 불빛이 밤을 밝히는 일이 많아지면서, 여름에 산자락을 무대로 날아드는 반딧불이의 개체 수가 서서히 줄고 있습니다. 특히 연구소 앞에 가로등이 설치되고 난 뒤에는 연구소에서 살아가는 곤충들이 탈출해 불빛을 향해 날아가는 일이 잦아졌습니다. 한번 날아가면 연구소로 돌아오기 힘듭니다. 가로등 불빛 주변을 배회하다 밟혀 죽거나 불빛에서 곤충을 기다리는 천적에게 희생당하기 때문입니다.

연구소에 사는 곤충을 살릴 방법을 아무리 궁리해도 내 힘으론 불가능해 보였습니다. 고민 끝에 군청의 담당 부서에 민원을 넣어 해결책을 상의했습니다. 연구소의 성격과 상황에 관해 설명하며 가로등을 이전할 수 있는지 문의했더니, 마을 주민들의 동의가 있으면 가능하다는 희소식을 들었습니다. 가슴 졸이며 연구소 이웃 주민들에게 양해를 구하고, 마을 이장님께도 상황을 설명했습니다. 정말 다행히도 가로등을 주민들이 많이 거주하는 곳으로 옮기기로 결정되었습니다. 입주자가 늘어나면 가로등을 다시 설치해야 할지도 모르는 일이었지만, 일단 지금 당장 곤충을 가로등 불빛으로부터 지킬 수 있는 것만도 감사했습니다.

그런데 가로등의 등장보다 몇 배나 심각한 사건이 벌어졌습니다. 바로 벌목입니다. 앞산의 나무들이 거의 베어져 나가 그야말로 앞산은 헐벗었습니다. 고라니의 안식처며, 반딧불이의 서식지며, 수많은 곤충의 보금자리인 앞산이 맨살을 드러냈습니다. 현재 그곳에 사는 수많은 동물은 이곳을 떠나거나 죽을 수밖에 없는 운명이 된 겁니다. 현장 분위기를 보면 단순한 벌목이 아니라 전원주택단지를 조성하는 수순인 것 같아 속만 새까맣게 타들어 갔습니다.

그렇다고 사유재산권을 침해할 수 없으니, 실시간으로 바뀌는 주변 환경만을 보고 있을 뿐, 달리 방법이 없습니다. 주변을 바꾸려 하기보다 자신을 바꾸는 게 더 편하다는 말이 떠오르기도 했지만, 그 상황은 간단치 않았습니다. 어찌 됐든 개발의 바람을 받아들이고, 그에 맞는 연구소 운영 방법을 고민해야 그나마 남아 있는 곤충이라도 지킬 수 있을 것 같습니다.

때때로 자신을 바꾸는 데 주저하는 나와 달리, 곤충은 자신을 바꾸며 주변 환경에 매우 현명하게 대처합니다. 하기야 아무리 커봤자 5센티미터도 안 되는 작은 곤충이 거대한 자연에 맞서 싸운다는 건 백전백패입니다. 알고 보면 곤충으로 산다는 것은 매 순간 목숨을 건 위험한 게임입니다. 패자 부활전은 눈을 씻고 찾아봐도 없는 거친 세상에 살고 있는 겁니다. 그러니 차라리 환경을 바꾸려 하기보다 자신을 바꾸는 게 생존에 훨씬 유리할 겁니다.

자신을 바꾸는 전략은 대개 위장술입니다. 주변과 비슷한 색깔의 옷을 입든지, 눈에 확 띄는 화려한 색깔의 옷을 입든지, 나뭇잎이나 나뭇가지를 똑 닮든지, 새똥으로 변장하든지, 종에 따라 자신에게 적당한 전략을 구사합니다. 말하자면 보호색을 띠거나 경고색을 띠는 거지요. 때때로 천적보다 힘센 동물을 흉내 내기도 합니다.

보호색 하면 메뚜기목 가문의 식구가 떠오릅니다. 방아깨비의 몸 색깔은 머리부터 발끝까지 온통 주변 식물과 같은 초록색(녹색형)을 띠어 힘센 포식자의 눈을 속입니다. 주변의 식물이 갈색으로 바뀌는 가을이 되면 방아깨비의 몸 색깔은 더러 갈색(갈색형)으로 바뀔 때도 있습니다. 갈색으로 바뀌는 이유는 유전적 원인, 먹이, 온도, 개체군 밀도 등 주변 환경의 영향을 받아서입니다. 대체로 개체군 밀도가 낮고 습도가 높으면 녹색을 띠고, 밀도가 높고 습도가 낮으면 갈색을 띠는 경향이 있습니다. 또 갯벌처럼 소금기가 있는 땅에서 자라는 염생 식물을 먹는 메뚜기들

방아깨비 녹색형

은 몸 색깔이 붉그스름하게 바뀌기도 합니다.

식물 잎 위에서 사는 메뚜기와 다르게 땅에서 사는 귀
뚜라미나 땅강아지는 거무칙칙한 땅 색깔을 띠어 천적의
눈을 교묘히 피하고, 나무에서 붙어 사는 목하늘소나 털
두꺼비하늘소 또한 나무껍질 색깔과 비슷한 보호색을 띱
니다.

몇 해 전 서울 도심에 떼로 나타난 대벌레는 위장술의
대가입니다. 일단 대벌레의 몸 색깔이 식물과 비슷한 초
록색입니다. 생김새도 대나무 줄기처럼 생겨, 나뭇잎 위
나 나뭇가지에 앉아 있으면 눈에 띄지 않습니다. 가느다
란 나뭇가지에 딱 붙어 있다가 몸을 일으켜 움직이면 영
락없이 바람에 흔들리는 나뭇가지처럼 보입니다. 기막힌
위장술이지요. 그래서 쌍살벌이나 새 같은 포식자들이 나
뭇가지로 착각하고 지나쳐버리기도 합니다. 방어 무기라

나뭇가지로 위장한 대벌레

곤 하나 없는 처지에 몸을 나뭇가지로 위장해 살 궁리를 하니, 이보다 더 지혜로울 수 없습니다. 하지만 아무리 위장술에 능해도 사람은 당해낼 도리가 없습니다. 징그럽다는 이유 하나로 서울 도심에 나타난 수만 마리의 대벌레는 살충제 세례를 맞고 집단 몰살당했으니 말입니다.

자벌레 또한 만만치 않은 위장술의 대가입니다. 자벌레는 나비목 가문의 자나방과 집안에 소속된 모든 애벌레를 부르는 말입니다. 보통의 나방 애벌레들의 다리 수는 8쌍이지만, 자벌레의 다리 수는 5쌍입니다. 배에 붙어 있는 다리 3쌍이, 마치 이가 빠진 것처럼 퇴화했지요. 그 때문에 등을 구부렸다 펼쳤다 하며 자로 잰 듯이 일정한 간격으로 기어갑니다. 그 모습이 마치 일보일배 오체투지를 하며 걸어가는 수도승같습니다. 자벌레는 나뭇가지나 풀줄기처럼 생겼습니다. 풀줄기에 매달려 있으면 풀줄기로,

나뭇가지와 똑같은 자벌레

나뭇가지에 매달려 있으면 나뭇가지로 보여 포식자를 헷갈리게 만듭니다.

완벽한 위장술의 귀재는 난초사마귀입니다. 난초꽃과 너무 닮아 꽃사마귀로도 불리는 난초사마귀는 말레이시아나 인도네시아와 같은 동남아시아의 열대우림에서 삽니다. 난초사마귀는 '꽃보다 아름다워!'라는 말이 튀어나올 정도로 매우 화려하고 매혹적으로 생겼습니다. 특히 몸통과 다리가 꽃잎을 닮았습니다. 그런 난초사마귀가 꽃과 함께 있으면 누가 꽃이고 누가 사마귀인지 한눈에 분간하기 힘듭니다. 잠복형 사냥꾼인 난초사마귀는 꽃잎 위에 앉아 있다가 자신이 꽃인 줄 알고 날아온 먹잇감을 잽싸게 낚아채 잡아먹습니다. 신기하게도 난초사마귀는 허물을 벗으면서 성장하는데, 허물을 벗을 때마다 몸 색깔이 주변 환경과 비슷하게 변해 천적의 눈을 피할 수 있고,

꽃보다 아름다운 난초사마귀

호랑나비 애벌레

먹잇감이 눈치채지 못하게 사냥할 수 있어 '꿩 먹고 알 먹고'입니다.

위장술과 달리 변장술에 능한 곤충도 있습니다. 변장하는 곤충은 몸을 주변 환경과 전혀 다른 모습으로 치장해 되레 자신을 도드라지게 드러냅니다. 변장술에 가장 많이

백합긴가슴잎벌레 애벌레

쓰이는 것은 새똥 모양입니다. 두릅나무에 사는 새똥하늘소, 칡넝쿨에 사는 배자바구미, 탱자나무 잎에 사는 호랑나비 애벌레 같은 곤충은 희끗희끗한 새똥 색깔인데, 포식자들은 곤충이 아니라 새똥으로 착각하고 지나쳐버립니다. 이 곤충 대부분은 잎 위에 앉아 대담하게 새똥 모양의 몸을 과시합니다. 변장의 약점은 주변 환경과 조화가 깨지면 자기 모습이 금방 드러난다는 겁니다. 그래서 변장하는 곤충은 대부분 초록색 잎사귀 위에서 될 수 있는 한 움직이지 않습니다. 새똥 모양은 초록색 잎사귀 위에서만 빛을 발하지, 거무칙칙한 땅이나 나무껍질에서는 통하지 않습니다.

한술 더 떠 자신이 싼 똥을 재활용하는 곤충도 있습니다. 백합 잎을 먹고 사는 백합긴가슴잎벌레 애벌레는 자신이 싼 똥을 직접 등에 짊어지고 다니면서 포식자가 가까이 다가오는 걸 아예 막습니다. 똥을 짊어지고 있으면

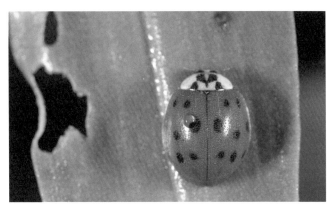

무당벌레

포식자들은 더러운 똥인 줄만 알고 눈길도 안 주고 가버립니다. 육식성인 풀잠자리 애벌레 또한 자신이 잡아먹고 껍질만 남은 사체를 버리지 않고 모두 등에 짊어지고 다녀, 마치 쓰레기 더미처럼 보이게 만듭니다.

몸 색깔과 무늬를 화려하게 바꾸는 경고색을 띠는 곤충도 많습니다. 경고색은 '나는 맛이 없어' '내 몸엔 독이 있어'라고 천적에게 경고하기 위해 치장하는 전략입니다. 경고색을 띤 곤충은 대개 몸에 독 물질을 품고 있어 새 같은 천적이 싫어합니다. 곤충이 즐겨 사용하는 경고색은 빨간색, 주황색, 노란색처럼 굉장히 뚜렷한 색입니다. 귀엽고 깜찍하게 생긴 무당벌레는 경고색을 띠는 대표적인 곤충입니다. 새빨간 바탕에 까만 점무늬가 찍혀 있어 몸 색깔이 눈에 확 띌 뿐 아니라 건들면 독 물질까지 내뿜습니다.

이렇게 주변을 맞서기보다 자신을 바꾸어 생존의 기회를 높이는 곤충의 지혜는 오히려 사람보다 한 수 위인 것 같습니다.

공포에 대처하는 자세

지금 살고 있는 집에 이사 온 지 20년이 넘었습니다. 오래된 아파트다 보니 성하지 않은 곳이 많습니다. 가끔 화재경보기 오작동 사고가 나곤 하는데, 그럴 때마다 사이렌 소리와 함께 "화재가 발생하였으니 대피하시기 바랍니다"란 방송이 반복적으로 흘러나옵니다. 순간 당황해 무엇을 가지고 나가야 할지 머릿속이 하얘집니다. 먼저 사랑하는 강아지를 안고, 지갑과 자동차 열쇠를 들고 계단을 통해 아파트 밖으로 탈출합니다. 이미 나와 있는 입주민이 꽤 있습니다. 관리사무소 직원이 나와 경보기 오작동이라고 합니다. 내가 집에 없을 때도 오작동 사고가 있었는데, 그 후로 강아지가 아파트 안내 방송만 나오면 공포에 떱니다. 평소에 하지 않는 하울링을 하면서 혼비백산이 될 정도로 흥분합니다. 안고 달래보지만 좀처럼 진정이 안 됩니다.

나도 우리 강아지만큼 공포를 느낄 때가 있습니다. 치과 진료받을 때입니다. 치과 냄새만 맡아도 머리가 어질어질할 정도로 공포를 느낍니다. 엄살이 많다고 미리 고백하며 아프지 않게 치료해달라고 부탁하지만, 무서움은 그대로 남아 있습니다. 드르르륵, 위이이잉 소리가 소름 끼치게 무서워 쥐가 날 정도로 두 주먹을 꼭 쥡니다. 마취했어도 치료 중에 일어나는 소리와 진동을 다 느낄 수 있어 치료가 끝난 후에도 온몸이 바짝 얼어 있습니다.

1센티미터도 안 되는 곤충은 공포를 느끼면 어떻게 할까요? 곤충이 공포를 느낄 때는 대부분 천적을 만났을 때입니다. 곤충 대부분은 천적과 마주치면 바로 그 자리에서 기절합니다. '죽은 척'하는 게 아니라 순간적으로 혼수상태에 빠지는 겁니다. 이런 현상을 '가사 상태', 즉 가짜로 죽은 상태라고 하는데, 얼마간 시간이 지나면 제정신으로 돌아와 깨어납니다. 기절 상태는 보통 몇 분이지만 포식자가 떠나지 않고 그대로 있다는 느낌이 계속되면, 무당벌레는 최대 40분, 바구미는 최대 3~5시간까지 혼수상태에 빠져 있습니다. 실제로 새 같은 포식자를 만났을 때 '나는 죽었소' 하는 행동은 단순해 보이지만, 두려움을 떨치고 적을 따돌리는 데 이만큼 효과 좋은 전략은 없습니다.

대표적인 예로 왕바구미를 들 수 있습니다. 녀석은 눈치가 엄청나게 빨라 천적을 만나면 눈 깜짝할 사이에 툭! 바닥으로 떨어집니다. 바닥에 떨어진 왕바구미는 더듬이를 오그리고 여섯 다리를 쭉 펼쳐 하늘을 바라보고 벌러덩 눕습니다. 이때 녀석은 버둥거리지도 꿈틀거리지도 않습니다. 정말 죽었을까요? 손끝으로 살짝 녀석을 건드려봐도 움직이지 않습니다. 가사 상태에 빠져 있기 때문입니다. 1분, 2분, 3분… 6분이 지나자, 더듬이가 꼼지락꼼지락, 막대기처럼 쭉 뻗은 다리가 버둥버둥, 몸이 몇 번 들썩들썩하더니 몸을 훌러덩 뒤집어 여섯 다리로 땅을 짚고 똑바로 앉습니다. 그리고 뚜벅뚜벅 통나무 쪽으로 걸어갑

가사 상태에 빠진 혹바구미

니다. 다시 도망가는 녀석을 슬쩍 건드립니다. 역시 1초도
안 되어 툭 아래로 떨어져 '나 죽었다!' 하며 등을 땅에 대
고 누워버립니다. 가사 상태에 빠지면 순간적으로 공포를
잊을 수 있고, 덤으로 포식자를 따돌릴 수도 있습니다. 왕
바구미는 독 물질도 지니지 않았고, 행동도 민첩하지 않
으며, 몸이 무거워 잘 날 수 없어 포식자와 마주치면 잡아
먹힐 가능성이 높습니다. 그러니 가사 상태에 빠져 위험
을 모면하는 게 상책입니다.

풍뎅이나 사슴풍뎅이는 공포감을 느끼면 가사 상태에 빠
지는 것은 기본이고, 가끔은 다리를 쭉 뻗거나 치켜들며
힘이 센 척도 합니다. 풍뎅이들은 뒷다리 한쪽을 뒤쪽으
로 쭉 뻗고, 사슴풍뎅이는 기형적으로 긴 앞 다리를 옆으
로 쫙 폅니다. 처음엔 한쪽 앞다리만 들지만, 천적이 물러
서지 않으면 양쪽 앞다리를 들어 올립니다. 그 모습이 마

곤충은 남의 밥상을 넘보지 않는다

위험하면 양쪽 앞다리를 펼치는 사슴풍뎅이

자신의 다리를 자르고 도망가는 대벌레

치 그 모습이 꼭 '만세'를 외치는 것 같습니다.

서울 도심에 나타나 사람들의 이목을 집중시켰던 대벌레
는 특이한 행동을 합니다. 천적이 나타나 공포감에 휩싸
이면 처음엔 가사 상태에 빠지지만, 잡히면 도마뱀이 꼬
리를 자르고 도망치는 것처럼 다리를 자르고 도망갑니다.
다리와 몸통을 잇는 관절이 약해 스스로 자르는 데 유리
합니다. 방아깨비도 마찬가지입니다. 천적에게 잡히면 기
다란 뒷다리를 끊어내고 도망칩니다. 사람들이 방아 찧으
라며 방아깨비 뒷다리를 잡고 있으면 뒷다리 하나를 스스
로 잘라버립니다. 그래도 무심한 사람들은 한쪽 다리로라
도 방아를 찧어보라며 놓아주지 않습니다. 사람 손아귀에
있는 방아깨비는 얼마나 무서울까요? 차라리 죽는 편이
낫다고 생각할지도 모릅니다.

건드리면 반사 출혈을 일으켜 코치넬린 물질을 내뿜는 무당벌레

한술 더 떠 천적과 마주하면 '피'를 흘리는 곤충도 있습니다. 우리가 너무도 잘 알고 있는 무당벌레와 가뢰입니다. 무당벌레도 여느 곤충처럼 공포에 맞서는 1차 방법은 가사 상태에 빠지는 겁니다. 무당벌레가 천적을 만나면 자동적으로 다리와 더듬이를 배 쪽으로 오그리고 발라당 누워 기절해버립니다. 이때 운동 신경이 반사적으로 반응해 6개의 다리의 관절에서 노란색 '피' 흘러나옵니다. 피에서는 지독한 냄새가 나는데, 핏속에 독성 물질인 코치넬린이 들어 있기 때문입니다. 이 노란 액즙은 사람으로 치면 피에 해당합니다. 이렇게 급박한 상황에 갑작스레 피가 나는 것을 '반사 출혈'이라고 합니다. 이 독성 물질을 삼키면 구역질이 나고 토할 수도 있습니다. 어린 새나 개구리 같은 포식자가 멋모르고 무당벌레를 삼켰다간 고생할 수 있지요.

다리 관절에서 칸타리딘 물질을 내뿜는 남가뢰

　자연산 비아그라로 오인되는 가뢰(딱정벌레목 가뢰과)도 공포를 느끼면 가사 상태에 빠질뿐더러 다리 관절에서 노란색 '피'를 흘립니다. 피에는 맹독성인 칸타리딘 물질이 들어 있어 웬만한 천적들이 먹었다간 죽을 수 있습니다. 하지만 사람들은 칸타리딘을 민간요법의 치료제로 쓰기도 합니다. 가뢰는 예로부터 '반묘斑猫' 또는 '지담地膽'이라고 불렸으며, 옴, 버짐, 부스럼, 악성 종기, 곰팡이 감염 등 여러 피부병을 치료하는 데 이용했다고 합니다. 또 성병인 매독을 고치는 데도 쓰였다고 하니 놀랍기만 합니다. 잘만 쓰면 독도 약이 됩니다. 하지만 칸타리딘을 많이 먹으면 목구멍이 타듯이 아프고, 급성 위장 장애가 생기며, 콩팥에 무리가 갈 수 있습니다.

　곤충의 공포 대처법의 하이라이트는 폭탄 제조입니다. 폭

폭탄먼지벌레

탄먼지벌레는 천적을 만나면 순간적으로 방귀 폭탄을 쏩니다. 그 실력은 스컹크 못지않지요. 폭탄먼지벌레는 적을 만나면 배 꽁무니에서 고약한 냄새가 나는 뜨거운 방귀 폭탄을 스프레이 뿌리듯 내뿜습니다. 폭탄은 배 속에서 한 치 오차도 없이 정교하게, 정말 눈 깜짝할 사이에 제조됩니다. 배 속에서 폭탄 원료인 하이드로퀴논과 과산화수소가 분비되는데, 하이드로퀴논은 사진을 현상할 때 쓰는 약품이고, 과산화수소는 소독약입니다. 하이드로퀴논과 과산화수소는 효소가 있어야 반응하는데, 이때 개입하는 효소는 카탈라제와 페록시다아제입니다. 두 효소의 도움으로 폭탄 원료는 서로 뒤엉키며 화학 반응을 일으켜 걷잡을 수 없이 강력한 폭발을 일으킵니다. 더 놀라운 것은 폭탄이 만들어질 때 100도나 되는 높은 열과 압력이 발생한다는 사실입니다. 높은 압력이 뜨거운 방귀를 몸 밖으로 밀어내 '퍽' 하는 폭발음을 내며 공중에 분사되는 거지요. 벤조퀴논 기체가 피부에 닿으면 화상을 입게 될 뿐만 아니라 그 냄새는 아주 역겹습니다. 멋모르고 잡아먹으려던 포식자 입속에서 가스가 뿜어지면 아주 혼쭐이 납니다. 그러나 폭탄먼지벌레는 절대 먼저 상대방에게 화학 폭탄을 쏘지 않습니다. 천적의 공격을 받을 때만 방어용으로 씁니다. 선제공격용으로 무기를 개발하는 사람들과는 차원이 다르지요.

만지기만 해도 물컹하고 터질 것 같은 일부 진딧물은 적이 나타나면 재빨리 바닥으로 우박 내리듯 후두둑 뛰어내려 위기에서 벗어납니다. 메뚜기나 나비 애벌레들은 주둥이에서 끈적거리는 초록색 물질을 토하며 두려운 감정을 표시합니다. 집게벌레는 배 꽁무니의 집게(꼬리털)를 하늘 높이 치켜들고 적을 위협합니다. 곤충이 공포에 대처하는 행동은 굉장히 다양합니다.

감정이 담긴 몸짓

몇 년 전 병원 신세를 진 적이 있습니다. 몸에서 보낸 쉬라는 신호를 무시했더니 일어난 결과였습니다. 모처럼 몸이 내게 휴가를 주었다 생각하고 모범생처럼 병원 생활을 했습니다. 그때 내 나이를 세어보니 살날보다 산 날이 훨씬 더 많습니다. 문득 버킷리스트까지는 아니더라도 하고 싶었던 일들이 떠올랐습니다. 죽기 전에 꼭 그림을 그리고 싶었습니다. 더도 말고 단 두 장을 그리고 싶었는데, 하나는 어렸을 적 저녁 무렵에 앞마당에서 바라본 황금 들판이고, 또 한 장은 산속에서 곤충들과 노는 자화상입니다.

그 꿈을 위해 일주일에 한 번씩 화실에 갑니다. 선 긋기와 명암 처리 같은 기초 과정이 끝나고 본격적으로 꽃이나 동물을 그리는 연습을 하고 있습니다. 재능이 없는 데다 나이까지 많아 진척은 느리지만, 늦은 나이에 그림을 그릴 수 있다는 것만으로도 즐겁습니다. 한번은 어린아이가 복스럽게 웃는 얼굴을 스케치하는데, 좀처럼 그 표정이 나오지 않습니다. 어디서 잘못되었는지 화나고 못마땅한 표정입니다. 지웠다 그렸다 지웠다 그렸다를 반복했지만, 여전히 눈매가 슬퍼 보입니다. 결국 선생님이 나서서 선을 여러 방향으로 그으며 수정하니 웃는 표정으로 변합니다. 문득 온갖 감정이 교차하는 내 얼굴이 떠오릅니다. 희노애락애오욕喜怒哀樂愛惡欲으로도 표현되지 않는 수많은 감정이 하루에도 몇 번씩 바꾸어가며 내 얼굴에 그려졌을 텐데, 그조차도 모르고 산 것 같아 새삼 부끄러워집니다.

곤충에게도 희로애락이 있을까 궁금해 야외 관찰 때마다 곤충의 행동을 살핍니다. 곤충은 사람처럼 표정이 없어 웃고 있는지 울고 있는지 알 수 없습니다. 다만 표정이 아닌 행동으로 감정을 표출합니다. 곤충은 보디랭귀지에 능해 자극받는 즉시 분노의 감정을 적나라하고 본능적으로 표현합니다.

무더운 여름날, 인제의 용소폭포 주변에서 곤충을 관찰하던 중 왕사마귀를 만났습니다. 처음엔 그늘진 풀잎 사이에 있는 왕사마귀를 보지 못하고 그 주변에 있는 바구미를 촬영하고 있었는데, 갑자기 쉬익 소리가 납니다. 깜짝 놀라 소리 난 곳을 살펴보니, 왕사마귀가 앞다리를 든 채 날개를 펼치고 서 있습니다. 숨도 참으며 가만히 지켜보고 있으니, 녀석은 안심이 되었다는 듯 날개를 접고 앞다리를 땅에 내려놓습니다. 다시 사진 찍으려 카메라를 움직이자, 또 날개를 활짝 펼치고 앞다리를 양옆으로 벌린 채 벌떡 섭니다. 땅을 딛고 있는 가운뎃다리와 뒷다리도 최대로 벌리고 있습니다. 펼쳐진 뒷날개를 보니 붉은빛이 도드라집니다. 세모난 얼굴에 비장함이 감돕니다. 게다가 날개를 진동시키고, 뒷다리의 허벅지와 종아리를 비벼 마찰음까지 냅니다. 왕사마귀는 지금 몹시 화가 나 있습니다. 푹푹 찌는 더위를 피해 그늘에서 쉬고 있는데, 불청객이 나타나 주변을 얼쩡거리니 짜증이 났을 겁니다.

앞다리를 들고 입을 벌리며 날개를 펼쳐 격하게 화내고 있는 왕사마귀

우리나라처럼 온대지방에 사는 사마귀의 색깔은 수수하지만, 열대지방에 사는 사마귀는 꽤 화려합니다. 어떤 열대성 사마귀는 날개에 소용돌이와 같은 무늬가 있어 새 같은 천적을 만날 때 날개를 펼쳐 위협합니다. 또 아프리카에 사는 어떤 사마귀는 녹색 앞다리를 얼굴 위로 올리고선 다리 색깔을 재빨리 붉은 계열로 바꿔 경고하지요.

앞다리를 들어 올리며 화를 내는 사마귀의 행동 때문에, 중국에서는 '당랑거철蟷螂拒轍'이라는 고사성어가 생겼습니다. 사마귀가 수레를 막았다는 뜻입니다. 춘추시대, 제齊나라 때 장공이 수레를 타고 사냥터로 가는 도중에, 웬 벌레 한 마리가 앞발을 도끼처럼 휘두르며 수레바퀴를 칠 듯이 덤벼드는 것을 보고 수레를 멈춥니다. 부하에게 무슨 벌레냐고 묻자, 부하는 사마귀인데 제힘도 생각지 않고 강적에게 덤벼드는 버릇이 있다고 말합니다. 그 말은 들은 장공은 용맹스러운 사마귀를 칭찬하며 수레를 돌려 다른 길로 우회했다고 합니다. 지금 생각해보면, 장공은 생태적인 인간인 것 같습니다.

검은띠나무결재주나방 애벌레의 화난 모습도 압권입니다. 검은띠나무결재주나방 애벌레는 버드나무과 식물 잎을 먹고 살아, 몸 색깔이 녹색과 갈색이 섞인 보호색을 띱니다. 평소에는 잎이 달린 나무줄기와 비슷하게 보이려고 머리를 가슴 아래에 집어넣고 몸을 줄기에 딱 붙이고 있습니다. 그러다 천적이 다가오거나 위험에 맞닥뜨리면 순식간에 얼굴을 번쩍 들어 올리는데, 이때 얼굴색이 붉은색으로 확 바뀝니다. 그뿐 아닙니다. 꼬리 부분도 번쩍 치켜올리는데, 이때 몸속에 들어 있던 채찍 같은 돌기를 길게 뽑아내 휘휘 흔듭니다. 특히 꼬리돌기 끝부분이 선연

검은띠나무결재주나방 애벌레의 화난 얼굴과 꼬리돌기

곤충은 남의 밥상을 넘보지 않는다

한 빨간색이라 더 위협적으로 보입니다. 천적이 도망가면 다시 머리를 수그리고, 꼬리돌기도 몸속으로 집어넣지요.

가을의 명가수 귀뚜라미는 화나면 앙칼진 소리를 냅니다. 본래 귀뚜라미 수컷은 암컷을 유혹하기 위해 날개를 비벼 노래를 부릅니다. 노래도 노래 나름인데, 짝을 위해 부르는 노래는 또르륵 또르륵 아주 감미롭고 청아합니다. 하지만 자신의 영역에 다른 수컷이 침입하면 무척 날카로운 소리를 냅니다. 실제로 들으면 비명에 가까울 정도로 앙칼져 소리만으로도 화난 줄 알 정도입니다. 수컷의 분노를 이용해 중국에서는 투실鬪蟋 경기를 합니다. 투실은 접시 위에 수컷 귀뚜라미 두 마리를 올려놓고 싸움을 붙이는 놀이로, 우리나라에서는 찾아볼 수 없는 특이한 놀이 문화입니다. 원래 이 놀이는 당나라의 궁궐에서 시작되었

투실

습니다. 귀뚜라미의 아름다운 노랫소리에 매료된 궁녀들이 수컷 몇 마리를 키웠는데, 한곳에서 같이 키우다 보니 수컷들의 영역 다툼이 심하게 벌어졌습니다. 상대방이 가까이 오면 앙칼진 소리를 내고, 소리로도 해결되지 않으면 물어뜯으며 난투극이 벌어집니다. 귀뚜라미들이 싸움을 얼마나 잘하는지, 붙여 놓았다 하면 사생 결판을 낼 정도로 서로를 맹렬히 공격합니다. 이에 재미를 붙인 궁녀들은 돈을 걸고 투실 경기를 했는데, 궁 밖으로도 퍼져 나가 전국적으로 이 놀이가 유행하게 되었습니다.

곤충의 행동 변화는 소소한 감정 표현이 아니라 살아남기 위한 몸부림이자 생존 전략입니다. 곤충의 희로애락을 다 알 수는 없지만, 그들 방식대로 자신의 감정을 표출합니다. 곤충을 하등동물 또는 미물이라 치부만 할 게 아니라, 그들의 감정이 담긴 몸짓에 관심 가져볼 일입니다. 곤충은 좋으나 싫으나 우리와 떼려야 뗄 수 없는 이웃이니까요.

위험 없이 얻는 것은 없다

대개 재난을 소재로 한 영화를 보면 긴박감에 숨이 가쁩니다. 조금 과장되게 표현했을 뿐 현실에서 일어날 법한 이야기인 것 같아 점점 영화 속에 푹 빠져듭니다. 주인공은 재난 속에서 많은 사람을 구하는 의인이자 영웅입니다. 불에 휩싸인 건물에 들어가서 사람들을 데려오고, 죽을 고비를 넘기며 빙산에 고립된 사람들을 구조하고, 지구를 침략한 외계인으로부터 사람들을 지켜내고…. 물론 모든 영화가 다 그런 건 아니지만, 이런 재난 영화 대부분은 주인공이 죽지 않고 끝까지 살아남아 해피 엔딩을 맞이합니다.

처서가 지나면 모기 입이 삐뚤어진다고 하는데, 요즘은 지구 온난화로 기온이 높아지다 보니, 늦가을에도 모기가 버젓이 잘도 날아다닙니다. 암컷 모기가 귓가에서 윙윙거리는 바람에 잠을 설칠 때가 많습니다. 사람들은 겨울을 제외하고 모기와 전쟁을 벌입니다. 사람은 모기만 보면 때려잡으려 쫓고, 모기는 사람 눈을 피해 피를 빨아먹으려 달려듭니다. 만약 모기가 병균에 감염되었다면, 피를 빨아먹을 때 사람 몸에 말라리아, 일본뇌염, 심장사상충 같은 수많은 질병을 옮기기도 하지요. 내성이 약한 아이들은 속수무책입니다. 그러다 보니 인류의 적이 되어버렸습니다. 사실 모기에게도 가장 큰 재앙은 사람입니다. 먹고살기 위해 사람에게 가까이 다가가는 것 자체가 시한폭탄을 등에 지고 가는 거나 마찬가지니까요. 살충제에 질식해 죽거나 사람의 손바닥에 압사당할 위험을 무릅써야 하지요.

1센티미터도 안 되는 모기가 '사람 찾아 삼만 리'를 떠나는 것부터 목숨을 건 비행입니다. 사람에게 도착하기까지 거미, 잠자리, 쌍살벌 등 공중전에 능한 천적들에게 잡아먹히지 않으면 하늘이 도운 거지요. 운 좋게 살아남으면 어둠을 뚫고 사람의 체온을 감지해야 합니다. 시력이 좋지 않아 몸에 붙은 털과 같은 감각기관을 총동원해서 사람을 찾아냅니다. 15미터 떨어진 곳에서 사람의 냄새를 맡고, 10미터 떨어진 곳에서는 사람이 호흡할 때 내뱉은 탄산가스를 감지하며, 10미터 이내에서는 사람의 체온을 느끼고, 2미터 정도 가까워져서야 비로소 두 눈으로 직접 사람을 확인할 수 있습니다.

사람을 비롯한 모든 동물은 출혈이 일어나는 즉시 피가 굳습니다. 그래서 암컷 모기는 주둥이를 사람에게 꽂은 즉시 주사(타액)를 놓습니다. 모기의 타액 속에는 혈액 응고 방지제가 들어 있습니다. 그 덕에 주둥이에 피가 엉겨붙지 않아 무사하게 피를 마실 수 있지요. 이때 사람의 몸에서는 면역체계가 작동되어 이물질인 타액 제거 작업에 들어가는데, 그로 인해 피부가 벌겋게 부어오르고 가렵습니다. 그러든 말든, 모기는 자신의 몸무게의 3배나 되는 양의 피를 마십니다.

다 마신 모기의 배는 금방이라도 터질 듯이 빵빵합니다. 배 색깔도 핏빛입니다. 하지만 진짜 고난은 지금부터입니다. 피를 마신 뒤 며칠 동안 벽이나 천장에 붙어 난자가 성숙할 때까지 기다려야 하지요. 난자 성숙 기간이 길다 보니, 그전에 사람의 손바닥에 맞아 죽을 때가 허다합니다. 철썩! 손바닥에 맞는 순간 몸이 터져 피가 벽에 흩뿌려집니다. 가까스로 사람의 손바닥을 피한 암컷은 비로소 웅덩이나 하수구, 연못, 개울가로 가서 알을 낳습니다. 알을 낳고 죽으면 좋으련만, 암컷은 또다시 사람을 찾아 나섭니다. 이런 산란 활동을 두세 번 더 한 후에 암컷은 눈을 감습니다.

이렇게 모기는 죽음이라는 일생일대의 위험을 몸소 겪으며 자손을 얻고 가문을 일으켜 세웁니다. 이만하면 위험을 무릅쓴 보상이 충분해 보입니다. 하지만 더 큰 보상

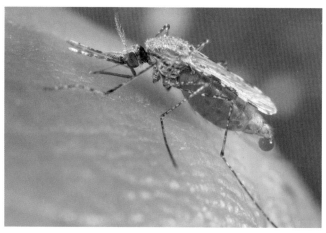

피 빨아먹는 모기

이 있습니다. 바로 살충제에 대한 내성입니다. 모기는 살충제를 업그레이드하며 개발하는 인간의 노력을 비웃기라도 하듯, 개체 수는 줄지 않고 되레 이른 봄부터 늦가을까지 활개를 칩니다. 모기의 유전자는 태생적으로 약에 대한 내성이 강합니다. 또 아무리 살충제를 뿌려대도 많은 개체 수의 모기를 박멸할 수 없고, 잦은 세대교체로 인한 다양한 유전자의 조합을 막을 수 없습니다.

한술 더 떠 모기 가문의 번성에 인류가 한몫합니다. 바로 생태계 파괴입니다. 인간은 살충제를 남용하여 육상에 사는 모기의 천적 곤충을 죽이고, 물을 오염시켜 모기 애벌레의 천적인 수서곤충과 물고기를 폐사시킵니다. 맑은 물에서만 사는 모기의 천적들과 달리, 모기의 애벌레는 1급수에서부터 오염된 하수구까지 모든 물에서 살 수 있습니다. 맑은 물이 사라질수록 모기의 개체 수가 급속도로 늘어갈 것은 뻔한 일입니다.

모기에게도 세상은 넓습니다. 태생적으로 피를 먹어야 하는 불리한 삶의 조건을 가졌음에도 용감하게 죽음을 무릅쓰고 사람을 찾아 나섭니다. 그저 오늘도 내일도 가문의 번성을 꿈꿀 뿐입니다.

개미귀신의 개미 사냥도 생사를 넘나들 만큼 위험합니다. 바닷가 모래밭에는 움푹 파인 깔때기 같은 집이 많습니다. 이 집을 '개미지옥'이라고 하고, 이곳에 사는 명주잠자리 애벌레가 개미귀신입니다. 명주잠자리 애벌레가 깔때기 집 속에 숨어 있다가 지나가던 개미가 그 속으로 떨

개미지옥

어지면 재빨리 튀어나와 개미를 낚아채 모래 속으로 끌고
들어갑니다. 이때 개미가 아무리 탈출하려고 발버둥 쳐도
소용없습니다. 개미를 낚아채 쥐도 새도 모르게 끌고 간
다고 해서 깔때기 집 주인을 '개미귀신'이라고 부릅니다.

　그런데 개미는 포름산이라는 독물질을 가지고 있어 물
리면 따갑고 가렵습니다. 하지만 치명적인 단점이 있습니
다. 먹잇감을 깨물어야 비로소 포름산이 분비됩니다. 그
러니 개미가 선제공격을 당하면 포름산은 무용지물이지
요. 그런 단점을 개미귀신은 기가 막히게 알고 재빠른 선
제공격으로 개미를 제압합니다. 즉 개미귀신이 집게 같은
주둥이로 굉장히 빠르게 개미를 낚아채면 게임은 끝납니
다. 만약 속도전에서 밀려 개미귀신이 개미에게 물린다면
바로 저승길입니다. 그 선제공격이 언제나 성공하는 법은
없으니, 개미귀신도 늘 스트레스에 시달릴 겁니다.

기울어진 운동장

우리 주변에 '공정'이란 말이 쉽게 오르내리는 일이 잦아
졌습니다. 공정이란 말 자체가 추상적이고 주관적이어서
그 의미를 두고 격론이 일어나기도 합니다. 아무튼 공정
은 현재 이 시대의 화두인 것은 확실합니다. '공정'에는 언
제나 불평등 문제가 따라다닙니다. 다른 건 몰라도 우리
사회에서 부의 불평등이나 기회의 불평등은 임계점을 넘
어섰고, 많은 사람이 태어나면서부터 불평등의 대물림을
겪고 있습니다. 안타깝게도 특별한 경우를 제외하면, 그
런 상황에서 벗어나기는 힘들어 보입니다. 그런 불평등이
가져오는 박탈감에 대항하여, 특히 청년 세대들이 절차
의 공정을 중요하게 생각합니다. 기회가 평등하게 주어진
다면 개인의 능력과 노력에 따라 불평등의 굴레를 벗어날
수 있다고 생각하는 것 같습니다.

　멀리 갈 것도 없이 나는 두 아들을 키울 때 공정과는 거
리가 먼 엄마였습니다. 그야말로 엄마라는 권한으로 '육
아 프로젝트'를 진두지휘하며, 두 아들의 의사와 상관없
이 내가 옳다고 생각하는 것을 시켰습니다. 악기 레슨, 수
영, 합기도, 과목별 학원, 심지어 여행 일정까지도 아이들
의 의견보다는 내 의견을 주로 반영했습니다. 며칠 전 서
재 정리를 하다 아들이 쓴 일기를 발견했는데, 주말마다
가족여행을 가는 바람에 친구들과 조별 과제도 하지 못하

고, 함께 놀 수도 없어 속상하다는 글이 있었습니다. 또 공부에 방해된다고 축구에 미쳐 있는 작은 아들을 혼낸 적도 있으니, 지금 생각하면 부끄러워서 얼굴이 화끈거립니다. 나름대로 잘 키우려고 했던 일들이 상처가 될 수도 있겠다 싶으니, 미안해서 몸 둘 바를 모릅니다. 불공정한 엄마와 함께 살았던 두 아들이 얼마나 힘들었을까 생각하면 울컥합니다. 그래서 장성한 두 아들을 볼 때마다 수시로 미안하다고 하는데, 그때마다 아들들은 멋쩍게 웃습니다.

사람 사는 세상과 달리 곤충 세계에는 공정이란 개념 자체가 존재하지 않습니다. 한순간이라도 경쟁자나 포식자에게 밀린다는 것은, 곧 죽음을 의미하기 때문입니다. 곤충에게 가장 중요한 건 생존 문제라서 공정을 말할 틈이 없습니다. 연못에 단 하나의 말뚝이 꽂혀 있다면 어떤 일이 일어날까요? 말뚝은 잠자리에게 휴식 공간입니다. 그러니 연못에 있는 모든 잠자리가 그 말뚝에 앉고 싶어 합니다. 그러다 어느 한 잠자리가 먼저 그 말뚝을 차지합니다. 배고파서 사냥하러 떠나지 않는 한 그 말뚝은 그 잠자리의 차지입니다. 사람 같으면 공정하게 순서를 정해 앉자고 논의할 법도 한데, 잠자리들은 텃세에 밀려 말뚝을 포기합니다.

여름 숲속에서 빼놓을 수 없는 진풍경은 나무껍질 사이에서 스며 나오는 수액, 즉 나뭇진입니다. 고로쇠나무에서 뽑아낸 '고로쇠 수액'이 봄의 대명사라면, 참나무에서 나오는 수액은 여름 수액의 대명사입니다. 수액은 나무줄기가 상처를 입거나, 몸통 줄기에서 나뭇가지가 갈라져 나온 곳이 무게를 이기지 못하고 찢어지거나, 사람들이 수액을 얻기 위해 구멍을 낼 때 생깁니다. 상처 난 나무껍질은 나무 스스로 치유해서 아무는데, 그동안 수액이 흘러나옵니다. 즉 세균의 침투를 막고 곤충으로부터 자신을 지키기 위한 일종의 자기방어 수단입니다. 수액엔 당분, 아미노산, 칼륨, 마그네슘 등이 들어 있어 숲속 곤충에게 영양 만점의 식량입니다. 드디어 수액의 냄새를 맡고 숲속 곤충들이 나무줄기에 총출동합니다. 장수풍뎅이, 사슴벌레, 사슴풍뎅이, 풍이, 밑빠진벌레류, 고려나무쑤시기, 왕오색나비, 장수말벌, 털보말벌, 쌍살벌, 파리, 개미 등 손꼽을 수 없을 만큼 많은 여름 곤충이 모이니 호떡집에 불난 것처럼 부산합니다.

수액을 마시는 왕오색나무와 장수풍뎅이

곤충은 남의 밥상을 넘보지 않는다

왕오색나비 몇 마리가 구석에 앉아 우아한 날개를 이따금 펄럭이며 주둥이를 꽂고 수액을 마십니다. 또 한 구석에는 수십 마리의 파리가 식사하고, 나무껍질 틈에서도 밑빠진벌레류가 숨어 식사합니다. 그렇게 수액 식사가 시작된 찰나, 어디선가 육중한 장수말벌이 굉음을 내며 요란하게 날아옵니다. 바로 그 순간 곤충들의 만찬은 끝이 납니다. 나비들은 겁에 질려 날아 도망가고, 수십 마리의 파리도 일제히 서둘러 달아납니다. 나무껍질 틈에 있던 밑빠진벌레류는 나무껍질 속으로 몸을 숨깁니다. 결국 예닐곱 마리의 장수말벌이 수액 식당을 접수합니다. 보기만 해도 무시무시한 장수말벌들이 진을 치고 있으니 다른 곤충은 접근하기 힘듭니다. 그나마 몸이 작고 눈치 빠른 파리는 장수말벌의 눈을 피해 모퉁이에서 요기를 채우지만, 오래 머물지는 못합니다.

수액을 독차지하는 장수말벌

수액이 나오는 나무가 숲속에 많은 것도 아니라서 순서를 정해 사이좋게 식사하면 좋을 텐데, 천하무적 장수말벌의 위세에 밀려 쫄쫄 굶고 있습니다. 장수말벌들은 다른 곤충에게 자리를 비켜줄 생각이 전혀 없습니다. 식사하다가 수시로 부웅 날아 어디론가 갔다가도 금세 되돌아오니, 힘 약한 곤충들은 이러지도 저러지도 못하고 계속 애만 탑니다. 장수말벌이 배불리 먹고 날아간 다음에야 기회가 생깁니다. 그렇게 수액 식당에선 공정의 절차 등이 모두 생략된 채 생존을 위한 투쟁만이 벌어집니다.

나비, 파리, 사슴벌레, 장수말벌, 장수풍뎅이 같은 곤충이 수액을 좋아하긴 하지만, 이들은 주로 꽃이나 떨어진 과일을 먹기 때문에 이들에게 수액은 주식이 아니라 대체 식량입니다. 실제로 수액의 진짜 주인은 밑빠진벌레류와 나무쑤시기입니다. 이들에게 수액은 대체식량이 아니라 주식이자 서식지인데, 그 수액을 장수말벌 같은 곤충이 독차지하니 난감합니다.

이렇듯 곤충의 삶은 출발부터 기울어진 운동장에서 시작합니다. 같은 조건에서 힘센 곤충이 우선권을 가지고 있어서, 힘 약한 곤충은 공정이란 걸 상상할 수 없습니다. 곤충에게 공정의 윤리는 사치일 뿐입니다.

무엇을 지키느냐 무엇을 내려놓느냐

가을이 농익어갑니다. 산꼭대기를 천연색으로 물들인 단풍이 산 아래까지 내려옵니다. 울긋불긋 아름다운 단풍에 어느새 나도 물들어갑니다. 나뭇잎들은 다가올 겨울에 대비해 곱게 단장한 채 나무에서 떨어집니다. 나뭇잎이 우수수 떨어져 바람 부는 대로 이리 뒹굴고 저리 뒹굽니다. 왜 나뭇잎은 가을만 되면 일생 중 가장 화려한 색을 띠며 나무에서 떨어져 죽음을 맞이할까요? 추위를 버티기 위해 대대적인 '겨울나기 준비'에 들어가기 때문입니다.

가을이 되면 나무는 낮아지는 온도, 줄어드는 일조량을 감지해 나뭇가지와 잎자루 사이에 떨켜 층을 만듭니다. 떨켜는 잎에서 만든 영양분과 뿌리에서 끌어올린 수분이 통과하지 못하게 막습니다. 스스로 잎사귀 속에 들어 있는 광합성 공장인 엽록소를 파괴하는 거지요. 엽록소의 색깔인 초록색이 약해지니, 상대적으로 잎사귀에 남아 있는 카로티노이드나 안토시안 같은 색소들이 드러나 잎사귀는 빨강, 주황, 노랑 등으로 화려하게 변해갑니다. 이렇게 나무는 가을에 새로운 잎을 내는 대신, 되레 잎을 떨어뜨려 성장을 멈추고, 떨켜 층으로 잎이 떨어진 자리를 감싸며 겨울을 대비합니다. 잎을 떨군 뒤 떨켜 층은 도톰해져 인연을 끊은 흔적을 남깁니다.

모든 법에는 예외가 있듯이, 참나무나 밤나무는 가을에

도 떨켜 층을 만들지 않아 겨울에도 바싹 마른 잎을 매달고 삽니다. 때가 되어도 버려야 할 것을 버리지 못하니, 바람이 불 때마다 바싹 마른 잎들이 서로 부딪치며 떨어질 때까지 바스락바스락 구슬픈 소리를 냅니다.

떨켜는 내려놓는 과정이며, 소유와 관계를 단순화해 나가는 과정입니다. 무엇을 내려놓고, 무엇을 지켜야 할까? 갑자기 몸이 바빠집니다. 정신적인 것은 차치하더라고 물질적인 것을 먼저 해결하려 집을 둘러봅니다. 분류학자의 서재는 매우 복잡하고 너저분합니다. 아무리 치워도 표가 나지 않습니다. 책은 그렇다 치더라도 곤충 분류 관련 물건이 곳곳에 널브러져 있습니다. 해부현미경, 광학현미경, 표본 상자, 핀셋, 채집 장비, 표본 촬영용 카메라와 카메라 도구들, 컴퓨터, 사육하는 곤충…. 뭐를 없애야 가벼워질까? 아무리 둘러봐도 연구 작업에 다 필요한 것들이라 손만 대다 말고, 옷 방에 가서 애꿎은 옷들만 한 보따리 챙겨 나옵니다. 헨리 데이비드 소로가 《월든》에서 말한 글귀를 주문처럼 중얼거려봅니다.

"간소하게, 간소하게, 간소하게 살라! 제발 바라건대, 일을 두 가지나 세 가지로 줄일 것이며, 백 가지나 천 가지가 되도록 하지 말라. … 간소화하고 간소화하라."

문득 그 모든 걸 버리는 곤충은 누가 있을까 생각해봅니다. 얼떨결에 고향과 일가친척을 두고 다른 나라로 이민 간 외래종이 떠오릅니다. 모든 것을 버리고 혈혈단신 산

곤충은 남의 밥상을 넘보지 않는다

넘고 바다 건너 낯선 이국땅으로 '무비자' 입국을 한 외래종, 그들의 생활은 그야말로 시련의 연속입니다. 자신의 의지와는 상관없이 사람의 짐이나 무역품에 실려 와서 매우 억울할 겁니다. 원래 살았던 삶터와 텃세를 버리고, 일가친척 없이 홀로 다른 나라로 옮겨 간 외래종의 타향살이는 녹록지 않습니다.

우리나라에 정착하는 데 성공한 대표적인 외래 식물은 돼지풀이고, 외래 곤충은 돼지풀잎벌레입니다. 돼지풀의 고향은 저 멀리 떨어진 북아메리카인데 한국전쟁 때 들어온 것으로 추정됩니다. 사람들은 외래종이란 말만 들어도 거부 반응을 보이지만, 따지고 보면 외래종은 아무런 죄가 없습니다. 그저 사람들의 이동과 함께 거처를 옮긴 것뿐입니다. 낯선 이국땅에 뿌리내리고 살려면 엄청난 난관에 부딪힙니다. 외래종은 낯선 땅에서 죽을 확률 50퍼센트, 살아남을 확률 50퍼센트입니다. 돼지풀도 마찬가지입니다. 다행히 돼지풀은 햇빛과 뿌리내릴 땅만 있으면 살수 있습니다. 개발로 인해 척박해진 땅, 도시 건물에 둘러싸인 빈 땅, 쓰레기투성이인 땅이라도 상관없습니다. 번식력까지 왕성한 데다 무분별한 개발로 환경에 취약한 토종들이 사라진 빈 땅까지 많으니 맘 놓고 살아갑니다. 그런데 돼지풀 꽃가루는 지독하고, 왕성한 번식력으로 토종 식물을 밀어내기도 합니다. 이 때문에 사람들은 돼지풀을 보기만 하면 무조건 없애려고 합니다.

우리 땅에 들어온 지 50년이 훌쩍 넘은 돼지풀은 전국 방

돼지풀과 돼지풀잎벌레

방곡곡에 퍼져 있습니다. 바늘 가는 곳에 실 가듯, 돼지풀
을 주식으로 먹고사는 돼지풀잎벌레도 우리 땅에 무비자
로 상륙했습니다. 돼지풀잎벌레의 고향도 북아메리카인
데 이동 수단은 무역품입니다. 돼지풀잎벌레가 우리 땅에
처음 보고된 때가 2000년, 돼지풀보다 약 50년 늦게 들어
왔습니다. 그런데 사람들은 외래종인 돼지풀잎벌레가 나
타나자 격하게 환영했습니다. 돼지풀을 먹어 치우기 때
문입니다. 곤충이, 그것도 외래종이 사람들한테 대접받을
때가 다 있습니다. 돼지풀잎벌레는 사람들의 기대에 보답
이라도 하듯 돼지풀을 먹으며 살고 있습니다. 하지만 돼
지풀의 번식력을 따라잡지 못하는 걸까요? 돼지풀은 여
전히 큰 군락지를 이루며 살아가고 있습니다.

요즘 도시와 시골을 막론하고 어디서나 흔히 볼 수 있

는 미국선녀벌레도 외래종입니다. 미국선녀벌레의 본적도 북아메리카로, 유럽에서 번성한 후 2009년 한국 땅에 도착했습니다. 처음엔 경기도와 경상남도에서 정착했으나 2015년에는 전국적으로 퍼져 웬만한 산과 들에서 진을 치고 삽니다. 미국선녀벌레는 침처럼 뾰족한 주둥이를 식물 속에 찌른 뒤 신선한 즙을 들이마십니다. 그러다 보니 농작물에 피해를 줍니다. 떼로 모여 즙을 먹어대니 건강했던 식물은 영양분을 빼앗겨 제대로 성장하지 못하고, 주둥이를 꽂았던 구멍 속으로 들어간 바이러스나 병균이 식물을 병들게 합니다. 더구나 애벌레는 하얀 솜뭉치처럼 생긴 분비물로 자기 몸을 덮습니다. 그래서 미국선녀벌레가 집단으로 사는 식물 잎은 밀가루를 뒤집어쓴 것처럼 허옇고, 그을음에 찌든 것처럼 거무죽죽합니다.

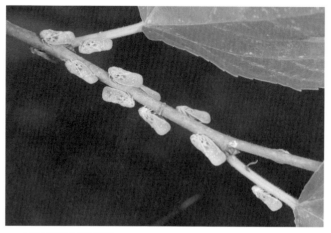

미국선녀벌레 어른벌레

꽃매미가 국내로 들어온 시기는 1932년입니다. 그 후로 70년이 지나도록 꽃매미의 존재감은 없었는데, 2006년경부터 우리나라에서 걷잡을 수 없을 만큼 급속도로 번식했습니다. 이미 외래종 '황소개구리'의 폐해를 경험했던 터라, 꽃매미는 '퇴치 대상 곤충'으로 전락해 살충제 세례를 받고 많이 죽어 나갔습니다. 꽃매미의 고향은 아열대 지역으로 중국 중남부, 베트남, 대만, 인도 등 더운 아시아 지방입니다. 처음 꽃매미가 온대지방인 우리나라에 들어왔을 땐 추운 겨울을 잘 이기지 못하다가, 2000년대 이후 온난화가 급속도로 진행되는 바람에 우리 땅에 성공적으로 정착한 것으로 보입니다. 또 꽃매미가 우리나라에 상륙할 때만 해도 천적이 거의 없었습니다. 이왕에 올 거면 천적까지 데리고 왔더라면 사람들의 구박을 덜 받았을 겁니다.

꽃매미

곤충은 남의 밥상을 넘보지 않는다

이론적으로 꽃매미의 천적은 거미, 새, 사마귀 등으로 우리나라에도 있습니다. 하지만 토종 포식자들은 '듣도 보도 못한' 꽃매미를 보고 먹어야 할지 먹지 말아야 할지 고민했을 겁니다. 위험해지면 꽃매미가 시뻘건 뒷날개를 재빨리 펼쳐대는 바람에 포식자들은 더욱더 망설였을 테지요. 시간이 흐르면서 점차 포식자가 늘어나며 현재 꽃매미는 적당한 개체 수를 유지하고 있습니다.

우리나라 중국에서 태평양을 건너 미국으로 이민 간 곤충도 있습니다. 바로 유리알락하늘소입니다. 유리알락하늘소는 한국과 중국, 일본에서만 살아 그 외의 지역에선 볼 수 없는 곤충입니다. 그런데 유리알락하늘소가 화물 포장재인 나무 박스 속에 있다가 화물선이나 비행기에 실

유리알락하늘소

려 미국에 밀입국했습니다. 1996년 처음 발견된 곳은 뉴욕과 롱아일랜드였고, 그 후 시카고에도 나타났습니다. 문제는 유리알락하늘소 애벌레는 살아 있는 싱싱한 나무 속을 파먹고 삽니다. 양분과 물을 나르는 나무의 통로를 망가뜨려 나무를 병들게 합니다. 유리알락하늘소가 번성함에 따라 뉴욕의 센트럴파크와 시카고의 링컨파크의 나무들이 시름시름 앓았습니다. 결국 하늘소가 사는 나무는 베어 태워졌고, 애벌레들은 영문도 모른 채 불에 타 죽어갔습니다. 이 사건 이후 세계에선 식물 검역에 대한 엄격한 법을 만들었고, 현재 국경을 통과하는 모든 포장재는 열처리해야 합니다.

현대는 글로벌 시대입니다. 빈번해진 국가 간의 이동과 무역 거래, 기후 이상 등의 영향으로 곤충에게 국경은 별 의미가 없습니다. 확실히 한반도는 몇십 년 전보다 더워졌습니다. 그로 인해 열대나 아열대 지역의 곤충이 정착할 기회가 많아졌습니다. 외래종의 부정적 영향이 만만치 않은 것도 사실이지만, 생명체의 처지에선 외래종이면 어떻고, 토종이면 또 어떻습니까? 생태계에선 다 제 역할이 있으니 '이 풀은 이래서 있어야 하고 저 풀은 저래서 없애야 하고, 저 곤충은 이래서 없애야 하고⋯' 논리가 안 통합니다. 저마다 존재 가치가 있습니다. 외래종과 토종의 균형을 맞추는 묘수는 사람들의 몫입니다.

죽음을 받아들이는 자세

어머니는 마흔 살에 나를 낳으시고, 내 나이 마흔 살에 세상을 뜨셨습니다. 내가 늦둥이다 보니 어머니가 내 또래의 다른 엄마 아빠들보다 훨씬 나이 들어 보여, 초중고 시절에 가끔 학교에 오시면 숨어버리곤 했습니다. 막둥이라 부모님의 사랑을 독차지하기만 했지, 그 사랑을 보답하기는커녕 외면했습니다. 돌아가시고 나고서야 철이 든 나는, 지금도 어머니를 생각하면 눈물이 납니다.

그런데 어머니는 세상 뜨기 십여 년 전부터 '죽음 맞이'를 준비하셨습니다. 삼베를 직접 골라 마을 어른들과 함께 손수 수의를 지으셨고, 양지바른 선산 자락에 가묘를 만드셨습니다. 그리곤 때때로 그 수의를 꺼내보며 흐뭇해하시곤 했지요. 그땐 왜 그렇게 하시는 건지 도무지 이해되지 않았는데, 철들고 생각해보니 어머니 나름의 방식으로 죽음을 준비하셨던 것 같습니다. 그래서인지 비록 몇 달은 누워 계셨지만, 큰 병 앓지 않고 평안히 눈을 감으셨습니다.

내게도 건강의 빨간불이 켜진 적이 있습니다. 그때 어머니를 떠올리며 나는 무엇을 해야 하나 무겁게 고민했습니다. 심플라이프를 꿈꾸며 내가 쓰던 옷가지, 세간 같은 물건들을 버리며 정리하는데, 서재에서 그 작업을 멈췄습니다. 분류학자의 공간은 잡다한 실험 도구와 오래된 책과 문헌자료로 가득 차 있어야 했기 때문입니다. 언젠가 학자의 일을 훌훌 털어버릴 수 있을 때, 다시 죽음 맞이를 준비해야겠다고 마음을 다잡습니다.

곤충 역시 빈 몸으로 왔다가 빈 몸으로 갑니다. 사람은 살기도 죽기도 어려운데, 곤충은 살아남기 자체가 어렵고 죽기는 추풍낙엽처럼 쉽습니다. 곤충의 죽음은 참 허무합니다. 죽음을 준비하느니, 얼마쯤 더 사느니, 죽은 후 장례식을 치르느니 등 곤충은 죽음에 대한 아무런 의식조차 없습니다. 보통 죽는 날은 예정되어 있지 않고, 천적을 만나거나 기후 이변을 만나면 찰나의 순간에 죽습니다. 그나마 알을 낳고 죽으면 축복받은 곤충이지요. 자식을 낳는 게 곤충 삶의 최대 목적이기 때문입니다. 한 생명으로 태어나 알도 못 낳고 죽는 곤충이 90퍼센트도 넘습니다. 이런 면에서 사람이 아무리 힘들다 힘들다 해도 곤충만큼은 아닐 겁니다.

물 위에 둥둥 떠다니는 하루살이 사체, 짝짓기 후에 죽은 수컷의 죽음은 축복이고, 짝짓기하지 못한 수컷의 죽음은 불행입니다. 수컷 꿀벌 또한 혼인비행을 위해 수십 마리가 여왕벌 주변으로 집결하지만, 그중에 선택된 수컷은 몇 마리뿐이고 나머지는 들러리입니다. 비록 짝짓기에 성공했더라도 생식기가 파열되어 즉사하고, 짝짓기하지 못한 수컷들은 총각 신세로 며칠 살다 죽습니다. 암컷 사마귀는 만삭인 배를 끌고 다니며 며칠에 걸쳐 알을 낳고 아무 데서나 죽습니다. 죽어서도 그리 평탄치 않지요. 개

미가 몸을 분해해서 가져가고, 개미가 버리고 간 날개와
다리는 바람 따라 이리저리 나뒹굽니다.

곤충의 가장 비참한 죽음은 기생당하다 죽는 겁니다. 곤
충의 죽음 가운데 가장 잔인한 죽음이지요. 기생은 주로
기생벌이나 기생파리, 연가시가 하는데, 우리 주변에서
가장 흔하게 볼 수 있는 녀석은 기생벌입니다.

  기생벌은 벌목 가문의 식구들로, 주로 맵시벌이나 고치
벌의 일부가 이에 속합니다. 지구에 사는 벌의 수는 20만
종 정도인데, 그중 절반이 다른 생물에 빌붙어 사는 기생
벌입니다. 기생벌은 말 그대로 자신은 아무것도 하지 않
고 남의 몸에 얹혀사는 벌입니다. 기생벌들이 가장 좋아
하는 숙주는 나비나 나방 애벌레, 진딧물, 무당벌레 애벌
레, 딱정벌레, 거미 같은 절지동물입니다. 어떤 기생벌은
자신의 친척뻘 되는 기생벌한테도 빌붙습니다.

  몸길이가 3밀리미터 정도로 매우 작은 기생벌 어미는
알을 낳기 위해 쉴 새 없이 숙주를 찾아다닙니다. 남의 몸
에 빌붙어 사는 건 아무나 할 수 있는 일은 아닐 터, 역시
기생벌은 잔꾀가 많습니다. 나방 애벌레에게만 빌붙어 사
는 기생벌은 숙주가 아닌 숙주가 살고 있는 식물을 찾아
다닙니다. 무턱대고 몸집이 작은 숙주를 찾아 헤매는 건
모래밭에서 바늘 찾는 격이기 때문입니다. 뛰는 놈 위에
나는 놈 있다고, 식물도 기생벌의 이런 습성을 알고 숙주
에게 뜯어 먹힐 때 특유의 냄새를 풍겨 기생벌을 유인합
니다. 또 숙주가 싼 똥에서도 특유의 체취가 납니다. 여러

기생벌에 기생 당해 죽어가는 뱀눈박각시 애벌레

방법을 다 동원해 기생벌 어미는 기막히게 잎 사이에 숨어 있는 숙주를 발견합니다.

이제부터 기생벌 어미는 속전속결로 작업에 들어갑니다. 먼저 숙주 애벌레에게 다가가 냄새를 맡고 더듬이를 이리저리 흔들며 꼼꼼히 숙주의 건강 상태를 확인합니다. 심사에 통과하면, 기생벌 어미는 쥐도 새도 모르게 숙주 애벌레의 급소(신경)에 독침을 찌릅니다. 독침을 맞은 숙주 애벌레는 마비가 됩니다. 기생벌의 애벌레는 신선한 고기만 먹기 때문에, 숙주를 죽이면 안 됩니다.

마취를 끝내기 무섭게 기생벌 어미는 배 꽁무니에서 산란관을 빼내 숙주 애벌레의 몸에 꽂고 알을 낳습니다. 알을 다 낳으면 무정하게 날아가버리지요. 그것도 모르고 숙주는 마비된 채 정신 줄을 놓고 있습니다. 시간이 흐르면서 기생벌의 알은 숙주 몸속에서 배자 발생을 합니다.

곤충은 남의 밥상을 넘보지 않는다

신기하게 배가 발달하면서 나눠지고, 또 나눠지고, 또 나눠지길 반복하면서 자신과 똑같은 복제품이 수십 개 이상 만들어집니다. 알 하나에서 수십 마리 이상의 쌍둥이가 만들어지는 거지요. 이런 걸 '다배발생'이라고 하는데, 일부 기생벌에서 일어나는 현상입니다. 어미 기생벌이 숙주의 몸에 알을 수십 개만 낳아도 숙주의 배 속에는 수백 마리의 기생벌 애벌레가 태어납니다. 그야말로 숙주의 배 속은 기생벌 애벌레로 바글바글합니다.

기생벌 애벌레들은 숙주의 속살을 야금야금 파먹으며 무럭무럭 자랍니다. 마비된 숙주는 자기 몸이 파 먹히는데도 죽지 않습니다. 드디어 기생벌 애벌레가 다 자라자, 약속이나 한듯 일제히 숙주의 몸을 뚫고 빠져나옵니다. 이때 숙주의 몸은 아직도 살아 있어 건들면 이리저리 꿈틀댑니다. 속살이 다 먹혔을 텐데 어떻게 아직 살아 있는

기생벌에 기생 당한 까마귀밤나방 애벌레

걸까요? 기생벌 애벌레는 살아 있는 것만 먹기 때문에 숙주가 완전히 죽기 전에 빠져나옵니다. 마취했다 해도 열흘 넘게 자신의 몸을 파 먹히는 고통을 생각하면 짠합니다. 숙주의 비참한 죽음 옆에서 기생벌 애벌레들은 서둘러 고치를 만들고 번데기가 되어 어른벌레가 되기만을 학수고대합니다.

곤충은 아니지만 곤충의 몸속에서 오랫동안 기생하는 벌레가 있습니다. 철사벌레라고 불리기도 하는 연가시입니다. 연가시가 사는 곳은 두 곳으로, 성체 시기엔 물에서 살고, 유체 시기엔 동물의 몸속에서 기생합니다. 물속에 사는 연가시 성체의 임무는 짝짓기한 후 알을 낳는 일입니다. 물속에서 짝짓기한 후 알을 물속, 물가의 풀잎에 낳습

메뚜기 몸에서 빠져나오는 연가시

니다. 운 좋으면 메뚜기가 연가시의 알이 붙어 있는 풀을 먹습니다. 연가시의 알은 메뚜기의 몸속으로 들어갑니다. 부화에 성공한 연가시 애벌레는 메뚜기의 체액을 먹으면서 살아갑니다. 마치 기생충이 사람의 몸에 사는 것과 같습니다. 메뚜기는 감염된 채 살아가는데, 메뚜기는 자신이 먹은 영양분을 연가시에게 다 빼앗기면서도 죽지는 않습니다. 연가시가 메뚜기를 죽지 않을 만큼만의 영양분만 먹기 때문입니다. 메뚜기가 죽으면 메뚜기 몸속에 있던 연가시도 죽을 겁니다.

때로 연가시에 감염된 메뚜기를 사마귀가 잡아먹으면, 사마귀의 몸에 연가시가 그대로 전이됩니다. 결국 사마귀의 체액을 빨아먹으면서 연가시는 성장합니다. 다 자라 성체가 되어 물속으로 갈 때가 되면, 연가시는 사마귀의 아바타 행세를 합니다. 특수 호르몬을 분비해 사마귀가 목마르게 만들어 물가로 가도록 조종합니다. 가여운 사마귀는 연가시가 시키는 대로 하고, 물가에 다다르면 연가시는 사마귀의 배 꽁무니를 통해 빠져나옵니다. 몸은 철사같이 가늘고 길어서 '무슨 동물이 저렇게 생겼어?'라는 생각이 절로 듭니다. 기생 당한 사마귀는 자기 자식은 낳지도 못한 채 평생 연가시를 먹여 살리다가 죽고, 연가시는 물속에 들어가 짝짓기하고 물가에 알을 낳습니다.

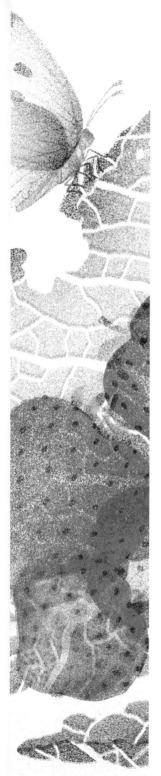

4

—

더불어
살아가는 지혜

× × ×

남의 밥상을 넘보지 않는다

"송충이는 솔잎을 먹어야지 갈잎을 먹으면 죽는다"는 속담이 있습니다. 형편에 맞게 분수껏 살아야 한다는 말입니다. 하지만 곤충 세계에서 이 속담은 곤충의 식생활을 단순명료하게 표현하는 메시지입니다. 곤충은 절대로 남의 밥상을 넘보지 않습니다. 오로지 자신에게 주어진 밥만 먹습니다. 다시 말하면, 지구에 사는 모든 곤충의 먹이는 제각각 정해져 있습니다. 남의 밥을 먹고 싶어도 입의 구조나 소화 기능의 문제로 먹을 수 없는 거지요. 결국 자기 밥이 모자라면 죽으면 죽었지, 남의 밥상을 건드리거나 훔칠 엄두를 내지 못합니다. 그래서 어떤 사람들은 그런 딱한 처지도 모르고, 곤충을 법 없이 사는 젠틀맨이라고 합니다. 아이러니하게도 자기 밥만 먹을 수밖에 없는 운명 덕분에 곤충이 지구 최고의 번식왕으로 등극할 수 있었습니다.

현재까지 인간이 파악한 지구에 사는 곤충의 종 수는 약 100만입니다. 현재까지 알려진 동물이 150만 종이니, 전체 동물 중 곤충이 3분의 2를 차지합니다. 종 수나 개체 수로 볼 때 곤충은 지구의 최대 주주인 것은 확실합니다. 날개 네 장과 다리 여섯 개를 가진 작은 몸집으로 추운 지역부터 더운 지역까지, 땅속부터 땅 위까지 지구 곳곳에

터를 잡고 살아가고 있는 걸 보면, 곤충은 지구환경에 가장 성공적으로 적응한 동물이라고 할 수 있습니다. 이렇게 곤충이 번성할 수 있었던 가장 큰 동력은 곤충의 밥이 지구 곳곳에 널려 있기 때문입니다. 모든 동물이 그렇듯 곤충도 먹어야 삽니다. 지구 어디를 가나 식물, 동물, 균, 배설물, 시체 등이 넘쳐납니다. 이 모든 것이 곤충에게 밥입니다.

자연에서는 나무 한 그루, 풀 한 포기가 생명의 원천입니다. 식물은 햇빛과 공기 중에 떠다니는 이산화탄소로 광합성을 해 자신을 먹여 살릴 영양물질을 만드는데, 염치없는 곤충은 그것을 먹으러 날아 옵니다. 마음씨 좋은 식물은 곤충을 위해 태어난 것처럼 맛있는 밥상을 차려주지요. 곤충에게 식물은 '머리부터 발끝까지' 버릴 데가 하나 없습니다. 잎사귀, 줄기, 열매, 꽃잎, 꽃꿀, 꽃가루, 뿌리, 그리고 죽은 식물질까지 모두 곤충의 밥입니다.

그런데 종별로 따로 떼어놓고 보면, 한 곤충이 여러 종류의 밥을 먹을 능력은 없습니다. 오랜 진화 과정을 거치면서 곤충은 편식쟁이의 길을 걸어왔습니다. 많은 먹을거리 중에서 자신의 식성과 입맛에 맞는 밥만 골라 먹은 거지요. 식성에 맞지 않는 음식은 그림의 떡일 뿐입니다. 호랑나비 애벌레는 탱자나무같은 운향과 식물 잎만 먹고, 노랑나비 애벌레는 토끼풀같은 콩과 식물 잎만 먹습니다. 만일 호랑나비 애벌레가 식량이 부족해 노랑나비 애벌레의 밥인 토끼풀잎을 먹었다간 큰일 날 겁니다. 토끼풀의 독성물질로 인해 죽을수도 있기 때문입니다.

모든 곤충이 편식하지 않았다면, 결국 먹잇감이 모자라 곤충은 공멸했을 겁니다. 음식을 식성별로 나누어 먹으면 음식 경쟁이 심하지 않아 모두 공존할 기회가 높아집니다. 만일 탱자나무가 지구에서 사라지거나 줄어든다면, 호랑나비 애벌레는 다른 식물의 잎을 먹을 수 없어 굶어 죽습니다. 하지만 편식 덕분에, 비록 호랑나비는 지구에서 사라졌어도, 다른 밥을 먹는 곤충은 살아남습니다. 현명하게도 곤충은 자신들만의 영역을 정해놓고 각각의 입맛에 맞게 식사함으로써, 식물도 살리고 자신들의 식량도 충분히 확보할 수 있습니다. 그런 곤충의 지혜가 위대할 뿐입니다.

곤충은 어떻게 밥을 나눠 먹을까요? 초식성 곤충은 식물만 먹고, 분식성 곤충은 똥과 시체만 먹고, 균식성 곤충은 버섯이나 균만 먹고, 육식성 곤충은 다른 생물을 잡아먹습니다. 또 초식성 곤충은 식물 부위를 세분해서 먹습니다. 잎사귀만 먹는 종, 줄기의 즙만 먹는 종, 썩은 나무의 조직만 먹는 종, 뿌리만 갉아 먹는 종, 꽃가루나 꿀을 먹는 종이 따로 있는 거지요. 또 식물이라 해서 모든 식물을 먹는 것은 아닙니다. 배추 같은 십자화과 식물만 먹는 종, 토끼풀 같은 콩과 식물만 먹는 종, 뽕나무만 먹는 종, 팽나무만 먹는 종, 소나무잎만 먹는 종이 따로 있습니다.

이러한 곤충의 식성 때문에, 곤충의 입 모양은 편식하는 먹이에 따라 변형되고, 그 결과 서식 공간도 다양해집니다. 예를 들어, 나비의 주둥이는 빨대 모양이라서 꽃꿀이나 진흙물 같은 액체만 먹을 수 있습니다. 메뚜기는 씹는 주둥이로 잎을 한 입씩 베어 먹고, 매미는 침 같은 주둥이로 수액을 쪽쪽 빨아먹을 수 있습니다. 결과적으로 먹이에 따라 서식지도 정해져 나무껍질, 나뭇잎, 죽은 동물, 땅속뿌리, 버섯, 똥 등 곤충의 삶터는 굉장히 다양해졌습니다.

초식성 곤충은 전체 곤충 중에서 30퍼센트나 차지할 만큼 많습니다. 그런데 열심히 먹어대는 곤충이 이렇게 많은데도 식물은 죽지 않고, 오히려 곤충과 긴밀히 협조하며 번성하고 있지요. 물론 어떤 식물은 곤충에게 먹히지 않으려고 자기 몸에 독 물질을 품기도 하지만, 곤충은 그마저도 이겨내고 맙니다. 식물 또한 비록 독 물질을 지니고 있다고 하더라도, 막상 찾아온 곤충에게 밥상을 차려주는 데 인색하지 않습니다. 높은 비용을 투자해 꽃가루와 꿀이 많이 들어 있는 꽃을 피워 곤충을 대접하지요. 식사를 마친 곤충은 다른 꽃으로 날아가 중매를 섭니다. 밥값을 제대로 하는 셈입니다. 식물은 곤충의 도움을 받아 자신의 대를 이을 수 있고, 곤충 또한 식물이 아낌없이 내주는 꽃과 잎을 먹으며 가문을 번창시킵니다.

어떤 곤충은 똥과 시체를 먹고 삽니다. 사람의 눈에는 똥이 더럽고, 죽은 시체는 무섭게 보일 수 있지만, 파리나 쇠똥구리 같은 분식성 곤충에게는 하늘이 내린 최고의 선물입니다. 지금은 환경이 파괴되고 소를 사료로 키우기 때

똥을 먹는 뿔소똥구리

문에, 똥을 굴리고 먹는 쇠똥구리를 보기 어렵습니다. 쇠똥구리의 애벌레는 소화되지 않고 배설된 셀룰로스나 리그닌 같은 화합물이 들어 있는 소똥을 먹고 자랍니다. 또한 파리나 송장벌레는 죽은 시체에 날아와 밥도 먹고 번식도 합니다. 시체는 곤충에게 양식을 제공하고, 곤충은 그 시체를 작은 유기물이나 무기물로 분해해 식물의 거름으로 돌려보냅니다. 만일 파리나 쇠똥구리 같은 분식성 곤충, 즉 생태계의 분해자가 없었더라면, 지구는 아마 시체와 똥으로 가득 차 제 기능을 할 수 없을 겁니다.

버섯 또한 애초부터 곤충의 밥이었습니다. 항암 효과가 있다고 사람들은 보는 족족 따 가지만, 곤충에게도 버섯은 둘도 없는 주식입니다. 곤충은 사람보다 훨씬 먼저 지구에 나온 선배다 보니, 원래 버섯의 주인은 곤충이었다

곤충은 남의 밥상을 넘보지 않는다

노랑망태버섯을 먹는 대모송장벌레

고 할 수 있지요. 새로 피어나는 신선한 버섯부터 수명이 다해 녹아가는 버섯까지 곤충에겐 없어서는 안 될 귀한 식량입니다. 특히 나무에 나는 영지 같은 딱딱한 버섯(민주름버섯류)은 수많은 곤충의 훌륭한 밥이자 집이자 쉼터입니다. 버섯살이 곤충 중에는 유난히 딱정벌레목 식구가 많은데, 약 28개 과의 곤충이 버섯이 있어야만 살 수 있습니다. 버섯살이 곤충의 한살이는 꽤 긴 편입니다. 알에서 깨어나 애벌레 시기를 거쳐 어른벌레로 변신할 때까지 짧으면 40일(버섯벌레류), 길게는 80일(거저리류) 이상이 걸립니다. 그러니 수명이 긴 버섯이라야 안심하고 눌러앉아 알을 낳고 새끼를 키울 수 있지요. 금방 녹아버리는 버섯에 알을 낳았다간 대가 끊기는 낭패를 당할 겁니다. 버섯살이 곤충 중에는 영지만 골라 먹는 곤충이 있는데, 이 곤충은 몸길이가 3밀리미터 정도로 작습니다. 혹시 보관하

나무껍질에 붙어 살며 점균류를 먹는 네점무늬무당벌레붙이

곤충은 남의 밥상을 넘보지 않는다

던 영지가 가벼워졌다면, 그 속에 곤충이 살고 있다는 증거입니다. 실제로 흔들어보면 사그락사그락 싸라기 굴러가는 소리가 나는데, 곤충과 곤충이 싼 똥들이 부딪치는 소리입니다. 겉보기엔 벌레 먹은 흔적 하나 없지만, 이미 벌레가 버섯 속에서 '영양밥'을 먹으며 살고 있는 겁니다.

곤충의 먹이 창고인 숲속의 고목이나 쓰러진 나무 또한 작은 우주입니다. 썩은 나무에 모인 곤충은 그곳에 아예 장기 전세를 내고 나무 조직을 먹으며 살아갑니다. 결과적으로 곤충은 나무 조직을 분해해 식물의 거름으로 되돌려주지요. 그래서 생을 다한 나무는 수많은 생물을 살리는 윤회 고리의 첫 단추이기도 합니다. 생태계에서 모든 생물의 죽음은 또 다른 생명의 시작입니다.

이렇게 곤충의 세계에는 밥그릇 싸움이 없습니다. 굶어 죽으면 죽었지, 남의 밥을 탐내는 법도 없고 남의 밥에 손도 대지 않습니다. 그뿐 아닙니다. 자신이 먹을 양만 먹고 남은 음식을 숨기거나 비축하지 않습니다. 오로지 각자에게 주어진 밥만 먹을 뿐입니다. 사람도 실천하기 힘든 무소유의 삶을 살아갑니다.

혼자보단 함께 사는 것이 좋아

얼마 전 우리나라의 흩어진 자료를 모아 문화곤충 전반을 정립하는 곤충학자로부터 재밌는 글을 소개받았습니다. 1936년 1월《조선중앙일보》석간에 실린 창작 글입니다. 주제는 용감한 꿀벌 이야기입니다. 상상의 나래를 펴는 동화답게 힘 약한 꿀벌들이 똘똘 뭉쳐 독침으로 힘센 호랑이를 혼쭐 내주는 이야기입니다. 수줍어 고개를 바로 못 드는 주인공 문식이가 해설자가 되어 야학당에 모인 친구들에게 옛 이야기를 해주고, 그 이야기 속에서 교훈을 찾아가는 다분히 계몽적인 동화입니다. 읽는 내내 구전동화 같은 스토리가 재미있어 한참을 킥킥대고 웃습니다. 원문의 느낌을 살리면서 현재 통용되는 맞춤법과 어법에 맞춰 약간 정리해서 일부만 소개해봅니다.

어느 산골에 십구만이나 되는 꿀벌이 무리 지어 살고 있었습니다. 벌들은 매일 아침 일찍부터 저녁 늦게까지 꿀을 물어 날랐고, 그리하기를 봄 여름 가을 동안 했습니다. 그리하여 꿀이 퍽 많이 모였고, 어느 날 저녁 벌들은 그동안 애쓴 자신들을 위해 성대한 연회를 열었습니다. 달콤한 꿀 요리를 성대히 차려 놓고 맛있게 먹고 있을 때였습니다. 갑자기 옆집에서 살고 있던 호랑이가 나타나서 차린 음식을 모조리 먹어 치워버리곤, 일 년 동안 애써 모아둔 꿀을 한 방울도 남김없이 쓸어 담았습니다. 겁에 질린 벌들은 말 한마디 하지 못하고 울고 있었습니다. 호랑이가 떠나고 난 뒤, 한 마리의 벌이 벌떡 일어서서 소리를 있는 대로 내어가며 이렇게 말했습니다.

"친구들아! 슬퍼 마. 우는 것은 약한 자나 하는 짓이야. 우리는 비록 작지만, 힘이 있고 무기가 있잖아. 그러니 창(독침)을 준비해서 심술쟁이 호랑이를 치러가자. 그놈만 없으면 우리는 태평해질 거야"

그러자 울고 있던 벌들이 하나둘 소리쳤습니다.

"그래, 네 말이 맞아. 지금 바로 가자!"

그리하여 일제히 병정이 된 벌 무리는 호랑이가 있는 곳을 향해 날아갔습니다. 벌들은 자고 있는 호랑이를 발견하곤 공격을 시작했습니다. 벌들의 창에 찔려 정신이 든 호랑이는 죽을힘을 다해 덤비는 벌 무리와 싸웠습니다. 사투 끝에 호랑이는 끊임없이 달려드는 벌 떼의 공격에 견디지 못하고, 결국 그 자리에서 죽어버렸습니다. 때는 밤중이 넘었는데 서쪽 하늘에서 조각달이 구경하고 있었습니다. 벌들은 즐겁게 승전곡을 울리고 겨울밤의 대찬 바람에 깃발을 휘날리며 돌아왔습니다.

서쪽 하늘에 떠 있는 조각달이 호랑이를 물리치는 꿀벌들의 모습을 구경하는 장면이 눈앞에 선합니다. 정말 몸길이가 1센티미터 남짓한 꿀벌이 힘센 호랑이를 죽일 수 있을까요? 있습니다. 물론 혼자의 힘으로는 불가능하고, 집단으로 힘을 발휘해야 가능합니다. 실제로 생태계에서 꿀벌의 최대 천적은 사람을 제외하고는 말벌입니다. 특히 여름에 꿀벌들은 장수말벌의 습격을 잘 당합니다. 장수말벌에게 여름은 배고픈 계절이기 때문입니다. 장수말벌도 계급을 이루는 사회성 곤충이라 여왕벌은 알을 낳고, 일벌들이 여왕벌이 낳은 새끼(애벌레)를 키웁니다. 문제는 새끼도 육식하는 데다, 늦여름이면 새끼 수가 늘어나 먹을 게 부족해집니다. 더구나 늦여름에는 많은 곤충이 이미 겨울 준비에 들어가 먹이가 봄보다 적습니다. 그러니 장수말벌은 만만한 꿀벌 집을 텁니다. 꿀벌 집 하나만 털어도 며칠 분의 식량을 조달할 수 있습니다. 장수말벌이 쳐들어가면 꿀벌의 보초병은 딱 봐도 겁에 질린 모습으로 어쩔 줄 몰라 당황합니다. 장수말벌 몇 마리가 계속 날아와 꿀벌을 사냥하기 시작합니다. 보다 못한 일벌들이 죽을 것을 빤히 알면서도 집단을 지키기 위해 장수말벌에 대항합니다. 독침을 찌르며 자살특공대처럼 전투를 벌이지만 백전백패입니다. 장수말벌은 어마어마한 큰 턱으로 꿀벌의 잘록한 허리(배 2~3번째 마디)를 싹둑 잘라 독침이 들어 있는 배 부분은 땅바닥으로 버리고, 나머지 부분은 씹어 먹습니다. 삽시간에 벌집에 있던 어른 꿀벌들은 허리가 잘린 채 다 죽어 나가고, 육각형의 방 안에는 새끼들과 번데기만 남습니다. 장수말벌은 꿀벌 새끼들과 번데기 한 마리도 빼놓지 않고 모두 데려가 자기 새끼에게 먹입니다. 그렇게 꿀벌 집단은 초토화되어 빈집만 남습니다.

꿀벌 집에 처들어간 장수말벌

　하지만 종종 반전이 일어나기도 합니다. 일본의 한 연구자가 재래꿀벌이 장수말벌을 격퇴하는 현상을 연구했습니다. 야생에서 나무 구멍 같은 곳에서 사는 재래꿀벌은 아주 독특하고 교묘한 집단 방어 전략으로 장수말벌을 죽이기도 합니다. 장수말벌은 꿀벌 집을 털 때, 배 끝에서 '먹이 지표 페로몬'을 방출해 꿀벌 집 근처에 뿌립니다. 그 냄새를 맡고 동료 말벌들이 날아오는데, 되레 후각이 더 뛰어난 재래꿀벌은 이 냄새를 콕 집어 맡은 뒤 장수말벌들이 도착하기 전에 동료 벌을 모아 집단을 형성합니다. 그리고 배를 격렬하게 흔들며 집 안팎을 들락거리면서 전투태세를 고조시키지요.

　드디어 장수말벌이 집에 처들어오는 순간, 약 500마리의 꿀벌은 일제히 덤벼들어 말벌을 가운데에 가둔 채 지름이 5센티미터 정도 되는 벌 덩어리를 만듭니다. 그리곤

말벌을 둘러싸는 재래꿀벌

일제히 날갯짓을 해 열을 내뿜지요. 이때 벌 덩어리의 중심 온도는 섭씨 46~47도로, 20분 동안 유지됩니다. 놀랍게도 재래꿀벌의 치사온도는 섭씨 47.5도 이상이고, 말벌의 치사온도는 44.5도입니다. 결국 장수말벌은 그 열기로 죽습니다. 겨우 섭씨 3도 차이의 온도를 이용해 제 몸의 3배나 큰 말벌을 죽이는 거지요. 개인의 힘으로는 상상조차 할 수 없는 일입니다. 혼자 사는 것도 좋은 점이 많지만, 함께 힘을 합쳐 사는 것 역시 좋을 때가 많습니다. 하나의 힘보다는 다수의 힘이 문제 해결에 유리하지요.

진딧물도 개인보다는 집단의 삶을 추구합니다. 진딧물들은 한 장소(먹이식물)에 수십 마리에서 수백 마리가 모여삽니다. 인도볼록진딧물은 먹이식물에 빈틈이 없을 때까지 모여 살다가, 천적이 다가오면 주저 없이 모두 땅으로

인도볼록진딧물

이동하고 있는 풀무치 무리

후드득후드득 모래알처럼 떨어집니다. 그리고 안전해지면 집합 페로몬을 내뿜어 다시 먹이식물 위로 올라옵니다. 집단으로 살면 유리한 점이 많습니다. 수백 마리가 모여 있으면 천적은 위압감을 느낄 수도 있고, 먹잇감이 아닌 식물 줄기로 착각할 수도 있습니다. 또 일제히 땅으로 떨어지면 목표물을 인식하는 시야가 흐트러질 수도 있습니다. 혼자 사는 것보다 집단으로 살면 약간의 희생은 있을지언정 종족이 살아남을 확률은 높습니다.

메뚜기도 집단을 이루어 이동합니다. 어느 한곳에 모여 살다가 먹이가 부족해지면 떼거리를 지어 풀이 많은 지역을 찾아 이동하지요. 이 과정에서 사람들이 땀 흘려 가꾼 농작물도 먹어 치워 쑥대밭을 만드니, 사람들은 메뚜기 떼가 몰려오면 속이 까맣게 타들어갑니다. 그런 메뚜기

중에서도 덩치가 큰 풀무치가 유명합니다. 풀무치는 주로 사막 주변의 초지인 스텝 지역에서 살아갑니다. 스텝 지역은 비가 규칙적으로 내리지 않아 풀들의 생육이 해마다 다릅니다. 그래서 풀무치는 먹잇감을 확보하는 데 애를 먹습니다. 가뭄이 들어 풀들의 생육이 더디면 다른 풀밭을 찾아 떠나는데, 이때 여기저기에서 살던 풀무치들이 한곳에 모여 엄청난 규모의 떼를 이룹니다. 철새처럼 떼 지어 먼 거리를 이동할 수 있게, 날개도 길고 집합성도 강하며 심지어 며칠씩 굶을 것을 대비해 배고파도 견딜 수 있습니다.

요즘 들어 많은 사람이 "혼자가 편하다"고들 합니다. 특히 젊은 세대가 '싱글 라이프'를 선호하지요. 곤충의 삶도 애초부터 싱글 라이프에 최적화되어 있었습니다. 오랜 시간 진화를 거듭하면서 집단생활이 생존에 유리한 종이 늘어나게 되었지요. 집단생활을 하는 곤충 사회는, 집단 안에서 남에게 피해를 주지 않으면서 제각각 먹이활동을 할 수 있도록 개인 생활이 철저하게 보장되어 있습니다. 사람들처럼 이해관계가 얽혀 있지 않으니, 혼자 위험한 일을 감당하는 것보다 차라리 집단으로 살며 함께 위험에 대처하는 것이 나아 보입니다.

모두의 행복을 위해서라면

설 명절 연휴가 깁니다. 내 머릿속은 온통 원고 집필에 매몰되어 있는데, 청주에 있는 큰아들이 올라오고, 작은아들도 모처럼 집에서 쉽니다. 식구가 모였으니 무얼 사 먹을지 고민입니다. 살림에 손을 놓은 지 20년이 넘어 할 줄 아는 음식이 없습니다. 대부분 지인의 신세를 지거나 사 먹지요. 주문만 하면 언제든지 가져다주는 좋은 세상이니 음식 때문에 큰 걱정을 안 하는데, 작은아들이 만두를 해 먹자고 조릅니다.

"난 만두 할 줄 몰라."
"제가 한번 해볼게요."
"만두를 네가 어떻게 만들어?"
"요즘은 인터넷 셰프님이 있어 레시피대로 따라 하기만 하면 돼요."
"그 복잡한 만두를 왜 만들어 먹어? 사 먹으면 되지."
"만들어 먹는 것도 좋잖아요. 설 분위기 좀 내봅시다."
"난 원고 써야 해."
"제가 다 할 테니 엄마는 먹기만 하세요."
"그래? 그럼 호박만두 해줘, 고기 넣지 말고."
"김치만두 하려고 했는데, 호박만두도 해볼게요."

나는 강아지 데리고 서재에 틀어박혀 원고 집필 작업을 하는데, 도무지 한 문장도 써지지 않습니다. 장을 봐 온 두 아들은 주방에서 만두소 만드느라 정신이 없습니다. 툭탁 툭탁 호박 써는 소리, 김치 다지는 소리, 고기 볶는 소리, 세간살이 부딪치는 소리 등 소란스럽습니다. 작은아들은 셰프, 큰아들은 조수, 호흡이 척척 맞는지 낄낄거리며 요리를 합니다. 내 신경은 온통 주방으로 향해 있습니다. 1시간이 지났을까? 두 아들이 간을 보라고 날 부릅니다. 세상에! 나가 보니 김치 만두소와 호박 만두소가 꽤 그럴 듯하게, 아니 맛깔스럽게 만들어져 있습니다. 김치, 숙주, 두부 등을 힘껏 짜두어 물기를 거의 빼둔 것을 보니, 일단 성공한 것 같습니다. 간도 적당하고 맛도 좋다고 칭찬을 늘어놓으니, 작은아들의 입이 귀에 걸렸습니다. 이제 만두를 빚을 차례. 거실에 넓은 러그를 깔고 식구들이 둘러앉아 만두를 빚습니다. 각자 마음대로 모양을 내면서 만드는데, 처음엔 요령이 없어 만두피가 터집니다. 손재주가 없는 큰아들의 만두소가 터질 때마다, 꽃 모양이 만들어질 때마다, 달팽이 모양이 만들어질 때마다 웃음꽃 만발하니, 이게 바로 행복이구나 싶습니다. 작은아들은 완성된 만두를 냉동실에 넣기 바쁘고, 나머지 식구들은 빚느라 바쁩니다. 함께하니 만두 빚기는 금세 끝났습니다. 고맙게도 큰아들이 뒤처리하는 동안, 작은아들은 찐만두와 군만두를 만듭니다. 둘러앉아 시식하는 순간 모두 맛있다고 탄성을 지릅니다. 첫 작품 치고 대성공입니다. 작은아들에게 다음에도 호박만두를 해달라고 부탁했더니,

"사 먹자고 할 때는 언제고요?"라고 놀리며, 봄에 또 만들어주겠노라 약속합니다. 하루를 만두 만드느라 보냈지만, 가족끼리 끈끈한 정을 나눌 수 있어 얼마나 행복했는지 모릅니다.

나는 내 행복을 먼저 챙기는 개인주의에 가깝습니다. 하지만 함께 있을 때 행복감을 느끼는 걸 보면, 마음속 깊은 곳에는 '우리'라는 생각이 더 크게 자리 잡고 있는지도 모르겠습니다. 개인적으로는 소소한 일상생활에서 연구 활동에 이르기까지 그 누구로부터 간섭받지 않고 나만의 공간에서 나만의 방식으로 해결하는 게 편합니다. 그럼에도 사람들과 섞여 있을 때는 내 자유를 일부 포기하며 다른 사람과 협력하려 애씁니다. 나를 둘러싼 주변이 행복해야 내 행복감도 높아진다는 걸 예순 해를 살면서 체득했습니다.

곤충도 사람들처럼 행복을 느끼는 감정이 있는지 알 수 없지만, 적어도 사람 기준으로 봤을 때 제각각 독립적으로 살기 때문에 개인의 행복이 중요해 보입니다. 드물긴 하지만 일부 곤충은 사회를 이루며 조직 생활을 하는데, 이 경우에는 집단의 행복만 존재할 뿐 개인의 행복은 철저히 무시됩니다. 꿀벌처럼 집단의 행복이 유지되려면 '집단에 대한 헌신'이라는 명분으로 개인의 희생을 담보해야 합니다. 벌이나 개미는 고도로 분업화된 조직 생활을 하는데, 구성원들이 각자 맡은 일을 척척 수행함으로써 집단이 유지됩니다.

꿀벌 사회는 여왕을 중심으로 계급이 엄격하게 구분된 신분사회입니다. 꿀벌의 집에는 한 마리의 여왕벌과 수많은 일벌, 그리고 약간의 수벌 등 보통 3만 마리의 대가족이 살고 있습니다. 혼잡해 보이기는 해도, 여왕벌의 통제를 받으며 일사불란하게 움직입니다. 꿀벌 집단은 분업이 잘 되어 있어 여왕벌은 평생 알을 낳는 일에, 일벌은 가사 노동에, 수벌은 짝짓기 노동에 각자 맡은 일에 힘을 쏟습니다. 그중 일벌은 살아 있는 동안 하루도 쉬지 않고 집단을 위해 몸이 부서져라 일만 합니다. 가족을 위한 일벌의 희생은 눈물이 날 정도입니다.

여왕벌의 수명은 2년에서 7년 정도로 길지만, 일벌의 수명은 고작 40일입니다. 단명하는 것도 서러운데, 그 40일 동안 태어난 순서에 따라 차별당합니다. 일벌 계급 안에서도 업무가 철저하게 분업화되어 태어난 순서에 하

서양꿀벌과 서양민들레

는 일이 달라지기 때문입니다. 꿀벌 세계의 모든 일벌은 여왕벌의 딸인데, 대개 여왕벌 측근이었다가 점점 중앙에서 변방으로 밀려납니다. 일벌의 하루는 사람으로 치면 몇 년에 해당합니다. 일벌의 일생을 대충 4단계로 나눌 수 있습니다.

• 1단계

우선 맏딸 일벌이 우화하면 약 열흘 동안 집안일을 하고 여왕의 시중을 듭니다. 여왕의 측근인 거지요. 집 안의 모든 방을 청소하고, 난방과 냉방을 도맡아 방 온도를 30~33도로 유지시키며, 동생 애벌레를 키우는 유모 역할도 합니다. 고단백질인 로열젤리를 분비해 동생들을 먹여 키우고, 여왕벌에게도 일일이 먹여 줍니다. 여왕벌은 평생 딸에게 얻어먹은 로열젤리 덕분에 하루에 2,000개의

열심히 일하는 일벌들

알을 낳고 몇 년 동안 장수합니다.

• 2단계

우화한 지 10일 지나면, 새로 태어난 동생 일벌들에게 여왕의 비서 자리를 넘기고 여왕 곁을 떠나 집 안 내부 노동자 그룹에 합류합니다. 날마다 쉬지 않고 밖에서 일벌들이 따온 꽃꿀과 꽃가루를 받아 가공해 벌꿀로 만듭니다. 또 밀랍 물질을 배에서 직접 분비해 집을 짓고 집수리도 합니다. 이 방대한 작업은 열흘이 넘게 반복됩니다.

• 3단계

태어난 지 20여 일이 지나면, 내부 노동자 그룹에서 퇴출되어 집 앞에서 보초를 섭니다. 늙으니 자꾸 집 바깥으로 쫓겨납니다. 보초 서는 것도 잠시, 늙은 일벌은 급기야 꽃꿀과 꽃가루를 모으러 외근을 나갑니다. 따라서 우리가 만나는 꿀벌은 모두 늙은 일벌입니다. 사람의 나이로 치면 60~80세에 해당하는 노인입니다. 시계는 죽음을 향해 가고 있는데, 늙은 벌들은 여생의 10~20일 동안 날마다 끊임없이 꽃을 찾아다녀야 합니다. 집 밖에서 꽃가루를 따는 일은 목숨을 내놓은 것이나 마찬가지입니다. 천적이 곳곳에서 도사리고 있고, 거센 비바람을 맞을 수도 있어 목숨이 위태롭기 때문입니다. 태어나자마자 하루도 쉬지 못하고 집안일을 하고, 이제 나이까지 들어 힘이 빠졌는데 위험천만한 밖으로 나가 꽃가루 따는 노동을 해야 하는 일벌의 신세가 가엽기만 합니다.

늙은 꿀벌이 뒷다리에 솔체꽃에서 모은 꽃가루를 매달고 있다

　그래도 늙은 일벌은 아무 불만 없이 동생들을 먹여 살리기 위해 이른 아침부터 해가 질 때까지 몇백 번 집과 꽃 사이를 오갑니다. 거센 비가 쏟아지는 날 외에는 휴일도 없습니다. 하루 종일 노동에 시달리다 무사히 집으로 돌아올 때쯤이면 모은 꽃가루의 무게는 20~30밀리그램 정도 됩니다. 이렇게 워커홀릭처럼 꽃가루와 꽃꿀을 모으는 동안 시간은 속절없이 흐르고, 늙은 일벌은 시름시름 앓으며 죽음을 맞습니다. 늙은 일벌들이 모아들인 식량은 3만 마리가 넘는 동생의 소중한 식량이 됩니다.

　이뿐만이 아닙니다. 혹시라도 대가족이 살고 있는 집에 말벌이 쳐들어오면 죽을 걸 알면서도 온몸을 던져 맞섭니다. 하지만 말벌의 힘은 너무도 강력해서 꿀벌의 힘으론 당해낼 도리가 없습니다. 설령 독침으로 말벌을 찌르

는 데 성공했다 하더라도 즉사하고 맙니다. 꿀벌의 독침
은 끄트머리가 갈고리처럼 휘어져 있어, 찔렀다 빼는 순
간 독침에 연결된 내장까지 딸려 나오기 때문입니다.

안타깝게도 모든 일벌은 여성임에도 불임입니다. 여왕벌
이 일벌의 산란을 통제하기 때문입니다. 일벌은 알을 낳
지 않는 대신 엄마가 낳은 동생들을 키우기 위해 죽을 때
까지 젖(로열젤리)을 먹이고, 청소하고, 집을 짓고, 먹이를
구해옵니다. 동생들과는 일정 부분 유전자를 공유하기 때
문에 동생들이 살아남으면 자기 유전자 일부도 살아남게
됩니다. 각각의 일벌은 고된 노동에 행복감을 느낄 틈이
없지만, 그 일벌들의 노동으로 일궈낸 꿀벌 가족 모두는
살아남음에 감사하고 행복해할 겁니다. 자신을 희생함으
로써 집단을 살리는 이타적인 사랑이 계속되는 한 꿀벌의
가문은 번창할 겁니다.

왜 우리는 식물만 사랑할까?

사방이 봄입니다. 야외 곤충연구소인 '곤충정원'에도 봄이 옵니다. 앙증맞은 새싹이 여기저기서 땅을 뚫고 소심하게 올라옵니다. 꽃다지잎이 딱지처럼 바닥에 붙어 있고, 원추리잎은 아기 조막손처럼 돋아나며, 참나리잎은 파릇파릇 올라오고, 상사화잎은 땅에서 훌쩍 솟구치며, 앵초잎은 퓨릴 장식처럼 오밀조밀 모여 있고, 지칭개잎은 땅 위에 위풍당당 앉아 있습니다. 꽃도 피어납니다. 복수초꽃은 환한 얼굴로 맞아주고, 할미꽃은 고개 숙여 꽃망울을 터뜨리며, 양지바른 길목엔 양지꽃과 큰개불알풀꽃들이 곱게 피어 방실방실 웃고 있습니다. 물론 남의 집 정원에

환하게 핀 복수초꽃

곤충은 남의 밥상을 넘보지 않는다

서도 흔히 볼 수 있는 풍경인데, 내가 손수 가꾸는 '곤충정원'에서 만나면 느낌이 다릅니다. 돋아나는 새싹만 봐도 설레고, 피어나는 꽃만 봐도 가슴이 쿵쿵 뜁니다. '곤충정원'을 일군 지 8년째다 보니, 정원에 살고 있는 식물들을 다 꿰고 있습니다. 200여 종의 풀과 나무의 지도가 머릿속에 그려져 있어, 계절마다 제대로 돋아나는지 살피게 됩니다. 혹여 때가 되었는데도 나오지 않으면 속상합니다. 두더지가 뿌리 부분을 파고 지나가다 식물이 죽을 때도 있지만, 대부분 다른 사람이 '곤충정원'에 들어와 캐 가는 경우가 많습니다. 그래도 죽는 것보다 도둑맞는 게 낫습니다. 훔쳐 간 사람도 식물에 대한 사랑이 남다를 테니까요.

말만 '곤충정원'이지 속내는 식물정원입니다. 곤충정원에는 오로지 내가 직접 선별해 심은 풀과 나무만 자랍니다. 처음 본 사람들은 잡초가 자라는 풀밭으로 오해하기도 합니다. 곤충의 입맛에 맞춰 식물을 심다 보니, 조경의 멋이라곤 하나도 없기 때문입니다. 이토록 지극히 평범하지만, 철마다 때맞춰 잎과 가지를 내고 꽃을 피우니, 봄부터 가을까지 곤충정원은 그야말로 꽃밭입니다. 꽃에는 벌과 나비 등 온갖 곤충이 날아듭니다. 그 광경을 보고 있으면, 신선이 된 듯한 기분입니다.

어릴 적부터 식물을 많이 좋아했습니다. 어렸을 적엔 시골집 뒤편에 있던 꽃밭에다 봄이면 봉숭아와 맨드라미 씨를 뿌리고 백합, 작약, 국화 등의 묘목을 가져다 심었는데, 여름날 뒷문을 넘어 들어온 진한 꽃향기를 잊을 수 없습니다. 어른이 되어서도 아파트 베란다를 아예 꽃밭으로 만들었습니다. 한때 아프리칸 바이올렛을 꽃 색깔별로 수집해 200종류 넘게 키운 적도 있지요. 지금도 거실 한 편과 베란다에서 예닐곱 종류의 식물이 자라고 있습니다.

요즘 많은 사람이 식물을 좋아하게 되면서 반려식물이라는 말도 생겨났습니다. 내 식물 사랑이 민망해질 정도지요. 숲 해설가를 위한 곤충 특강을 하다 보면, 사람들의 식물 사랑이 얼마나 큰지 알 수 있습니다. 곤충 특강이긴 하지만, 수강자들의 관심은 온통 식물에 쏠립니다. 풀 한 포기, 꽃 한 송이, 나무 한 그루의 이름만 알게 되어도 기뻐하고, 그 식물에 얽힌 일화나 사연을 접하면 눈빛이 달라질 정도입니다. 꽃은 물론 잎사귀, 겨울눈, 수피 등에 관해서도 따로 공부할 정도입니다. 모든 숲 공부는 식물로 통하는 것 같습니다. 시중에 식물 관련 책들이 쏟아져 나오는 것만 봐도 식물이 얼마나 대세인지 알 수 있습니다.

사람들의 식물 사랑은 그림으로 이어집니다. 오래전부터 우리나라에서는 매화, 난초, 국화, 대나무, 즉 사군자가 인기 그림 소재였습니다. 지금은 야생화를 세밀화로 그리는 사람이 많습니다. 대학 동기도 취미활동을 넘어 식물 세밀화 전문가로 활동하며 많은 작품을 그리고 있습니다.

국가 차원에서 진행한 식물 사랑 운동도 있었습니다. 헐벗은 산을 푸른 산으로 가꾸기 위해 식목일을 법정 공휴일로 지정해 나무 심기를 권장했었지요. 2006년부터는 법정 공휴일에서 제외되었지만, 내 또래 사람들의 마음속에는 나무 심는 날로 각인되어 있습니다.

식물은 정서적으로나 경제적으로나 환경적으로나 사람에게 많은 걸 베풉니다. 푸릇푸릇한 잎이나 알록달록한 꽃으로 눈을 즐겁게 하고, 새콤달콤한 열매를 선사하기도 하며, 시원한 그늘을 만들어주고, 공기도 정화해주며, 식물이 뿜어내는 향기로 마음을 편안하게 해주지요. 그 외에도 모두 열거하기 어려울 정도로 너무 많습니다. 개인적으로 식물에게 가장 고맙게 느끼는 건 광합성 능력입니다. 광합성을 해서 만든 영양분은 사람과 동물의 식량이 됩니다. 또 광합성 과정에서 산소를 방출해 우리가 숨 쉴 수 있도록 도와주지요. 식물이 없다면 우리는 한순간도 살아갈 수 없을 겁니다.

그런데 종종 사람들은 유독 식물만을 지나치게 사랑합니다. 지구에는 식물, 곤충, 새, 버섯 등 많은 생물이 톱니바퀴처럼 맞물려 사는데 유독 식물만 편애하지요. 식물을 해치는 그 어떤 것도 용서치 않습니다. 식물 잎에 벌레 먹은 흔적만 있어도 못마땅해합니다. 따지고 보면 원래 식물은 초식 곤충의 밥인데도 말입니다. 곤충은 스스로 영양물질을 만들어내지 못하므로 식물을 먹고 살아야 합니다. 곤충이 식물을 먹는 것은 죽느냐 사느냐의 문제입니다. 그래서 기를 쓰고 식물의 꽃이며 잎이며 줄기며 뿌리며 각자의 입맛대로 마구 먹어댑니다. 그걸 본 사람들은 기겁합니다. '내가 사랑하는 식물을 갉아먹다니!' 하며 곤충을 싫어하고 미워하기 시작합니다. 더구나 곤충의 생김

새가 낯선 데다 몸에 털까지 많으니 징그럽다며 질색합니다. 식물에 곤충이 달라붙기라도 하면 손으로 내동댕이치거나 죽이지요.

손으로 잡는 건 그나마 낫습니다. 관련 지방자치단체나 공원 관리자에게 '징그러운 곤충을 처리해달라' '나무를 해치는 곤충을 없애달라'라는 민원을 넣습니다. 민원에 따라 조경 담당자는 살충제를 뿌리기 시작합니다. 관련 기관과 계약을 맺고 일 년에 몇 차례씩 주기적으로 뿌리기도 합니다. 곤충은 사람들이 뿌려대는 살충제에 영문도 모르고 죽어갑니다. 사람에게 해를 주지 않고 나무를 죽이지 않는 많은 곤충이 살충제 세례를 맞고, 또 살충제에 절인 잎을 먹고 억울하게 죽어갑니다.

그렇게 뿌려진 살충제는 다시 땅으로 스며들어 토양을

살충제로 죽어가는 매미나방 애벌레

곤충은 남의 밥상을 넘보지 않는다

더럽힙니다. 아무 죄 없는 땅속 생물을 몰살시키지요. 한 줌의 흙에도 수많은 생물이 살고 있습니다. 비라도 오면 빗물에 살충제 성분이 흘러들어 물을 오염시킵니다. 다슬기, 물달팽이, 수서곤충 등 수많은 수생생물이 살충제 벼락을 맞지요. 육상에서도 마찬가지입니다. 거미 밥의 70퍼센트가 곤충입니다. 곤충이 사라지면 포식자인 거미도 사라지고, 거미와 곤충이 사라지면 상위 포식자인 새들이 먹을 게 없어집니다. 봄은 새가 새끼를 키우는 시기라 새끼에게 먹일 단백질 공급원인 곤충이 굉장히 많이 필요한 시기입니다. 그런 시기에 곤충이 없으면 새의 가문도 쇠락의 길로 접어드니 다른 곳으로 떠날 수밖에 없습니다. 곤충도 거미도 새도 다 떠난 그곳은 이제 오로지 식물만이 살아 있는 침묵의 공간이 됩니다.

이런데도 식물만 살리겠다고 모든 곤충을 죽여야 할까요? 살충제를 뿌리지 않고 그냥 놔두면 어떨까요? 나무가 다 죽어가면 어떻게 하냐고요? 곤충이 나무를 죽이는 최악의 시나리오는 절대로 일어나지 않습니다. 나무를 죽이면 그 나무를 먹는 곤충도 멸종의 길을 걸어야 하기 때문입니다. 곤충은 절대로 나무를 죽이지 않습니다. 나무 상태에 따라 그저 스스로 개체 수를 조절할 뿐이지요. 또 나무는 회복력이 매우 강합니다. 잎사귀를 곤충이 먹어 치우면 맹아에서 잎을 부지런히 냅니다. 다만 잎이 누더기처럼 엉망이 되고, 수형이 미워질 뿐입니다. 그 또한 시간이 흐르면서 원래 모습대로 회복합니다. 식물도 그런 곤충을 참아내면서 인내하는데, 정작 사람은 참지 못하고 곤충 사냥에 전념합니다. 자연 세계에는 그들만의 법칙이 존재합니다. 사람이 인위적으로 끼어들지 않아도 잘 돌아갑니다.

식물의 수명은 무한대가 아닙니다. 식물도 생명이니 언젠가는 죽습니다. 죽기 전에 자손을 만들어 대를 이어야 하는데, 식물은 한 발짝도 움직이지 못해 누군가가 중매를 해줘야만 합니다. 그 역할을 곤충이 합니다. 현재까지 지구에서 식물의 가장 유능한 중매쟁이는 곤충입니다. 그래서 식물은 아름답고 향기 나는 꽃을 피워 곤충을 유혹합니다. 곤충은 꽃에 날아와 꽃가루와 꽃꿀 대접을 받고 다른 꽃으로 날아가 꽃가루를 옮기며 밥값을 합니다. 식물과 곤충은 보이지 않게 끈끈한 유대관계를 갖고 있는 겁니다.

식물이 죽으면 누가 분해해서 거름으로 되돌릴까요? 분해자 대부분도 곤충입니다. 곤충이 죽은 식물을 먹으며 잘게 분해해 다른 식물을 위한 거름으로 되돌려놓습니다. 곤충이 없으면 식물도 지구에서 사라집니다.

꽃은 사람을 위해 피지 않는다

요란스러운 꽃샘추위가 지나갔습니다. 날이 따뜻하니 얼마나 좋은지 모릅니다. 따스한 봄볕이 사방을 내리쬐니 어느새 봄꽃들이 만발합니다. 길 따라 벚꽃들이 한꺼번에 피어 온 세상을 화사하게 물들입니다. 바람이 지날 때마다 아기 손톱만 한 꽃잎이 비가 되어 내립니다. 여기도 벚꽃, 저기도 벚꽃, 온 누리가 벚꽃입니다. 꽃구경하며 차를 달리다 보니 어느새 산 밑 주차장입니다. 주차장엔 봄 야생화를 보러 온 상춘객의 차들이 빼곡합니다. 거짓말을 좀 보태서 오늘 핀 꽃보다 자동차가 더 많습니다. 포슬포슬한 흙길을 한 걸음 한 걸음 내딛습니다. 과연 오솔길 옆

피나물꽃

넓은 숲 바닥에는 야생화가 지천입니다. 꿩의바람꽃, 남산제비꽃, 고깔제비꽃, 개별꽃, 양지꽃, 현호색, 산괴불주머니, 괭이눈…, 모두 햇살에 얼굴을 내밀고 예쁘게 피어 있습니다. 계곡 언저리에도 연둣빛 잎사귀 사이사이 샛노란 피나물꽃이 무더기로 피었습니다.

산모퉁이를 돌자, 보랏빛 향연이 펼쳐집니다. 산허리에도, 산언저리에도, 산언덕 너머에도, 산 계곡 옆에도 얼레지꽃이 무더기로 피어납니다. 금방이라도 터질 듯한 꽃망울, 세상을 다 안을 듯 활짝 핀 꽃, 바람에 살랑이는 꽃잎… 어디가 시작이고 끝인지도 알 수 없이 피어나 큰 군락을 이룹니다. 봄바람이 부니 얼레지꽃들이 한들한들 고갯짓하며 군무를 춥니다. 꽃밭에는 꽃만 있는 게 아닙니다. 많은 사람이 꽃들 틈에 있으니 언뜻 보면 사람 반 꽃반입니다. 꽃구경 나온 많은 사람이 꽃밭에서 고개 숙이

얼레지꽃

며 꽃을 보기도 하고 사진을 찍기도 합니다. 사람들이 지나간 숲 바닥은 등산화로 다져져 신작로처럼 단단합니다. 사람들은 꽃을 보면서 수많은 단어를 동원해 감탄을 늘어놓습니다.

꽃은 왜 예쁠까요? 식물은 왜 예쁜 꽃을 피울까요? 사람들에게 기쁨을 주려고 피울까요? 물론 단연코 아닙니다. 꽃이 아름다운 이유는 곤충에게 잘 보이기 위해서입니다. 따지고 보면 곤충 덕분에 사람들이 예쁜 꽃구경을 할 수 있는 겁니다.

지구에 사는 모든 생명은 태양에 의지하며 살아갑니다. 태양은 빛에너지를 식물에게 무상으로 공급하고, 식물은 그 에너지로 광합성을 해 영양물질과 산소를 만들어냅니다. 이 영양물질을 동물이 먹습니다. 약 150만 종에 달하는 동물을 먹여 살리는 주체가 식물입니다. 소비자 동물에게 생산자 식물은 생명의 은인인 셈입니다.

식물이 지구에 등장했을 때는 약 4억 년 전입니다. 지구에 처음 출현한 식물은 억겁의 세월을 거치며 진화를 거듭하다, 공룡이 살았던 약 1억 4천만 년 전(백악기 중생대 말기)에 이르러 '꽃 피는 식물(속씨식물)'이 탄생했습니다. '꽃 피는 식물'은 오늘날까지도 눈부시게 번성하고 있습니다. 그렇게 되기까지는 바람과 동물이 많은 도움을 줬는데, 그중 곤충의 역할이 가장 컸습니다.

식물의 생식기관은 꽃에 있습니다. 꽃은 꽃잎과 꽃받침, 수술과 암술로 이뤄졌는데, 꽃 가장자리에 있는 꽃잎과

피나무꽃의 암술과 수술

꽃받침이 생식기관인 수술과 암술을 보호합니다. 수술에서 만들어진 꽃가루가 암술머리에 닿아야 열매를 맺으며 대를 이어갈 수 있지요. 단 한 발짝도 움직이지 못하는 식물들이 대를 이으려면 누군가가 꽃가루를 날라줘야 합니다. 그래서 식물은 자신의 번식 사업에 중매 곤충을 끌어들이기 위해 고군분투합니다.

곤충은 너나 할 것 없이 자신의 방식대로 꽃에 날아와 꽃가루나 꽃꿀을 먹습니다. 그중 풍뎅이나 꽃하늘소 같은 딱정벌레는 꽃가루만 먹는 게 아니라 꽃대까지 씹어 먹습니다. 꽃의 입장에서는 자신을 거칠게 대하는 딱정벌레가 싫기도 하겠지만, 그들도 다른 꽃으로 날아가 꽃가루를 옮겨 중매를 서주니 홀대하진 않습니다. 차츰 꽃들은 자신을 해치지 않으면서 꽃가루를 잘 날라주는 믿음직스러운 존재가 필요했습니다. 속씨식물은 꿀벌이나 나비같이 매우 신사적인 곤충을 유혹할 수 있도록 꽃을 피우는 방향으로 진화해갔습니다. 이들은 꽃가루를 몸이나 몸의 털에 최대한 많이 묻힌 뒤 다른 꽃으로 날아가 중매를 해주기 때문입니다. 이들의 효율적인 꽃가루 배달 덕분에 꽃들은 바람의 도움을 받을 때보다, 폭식하는 곤충에게 중매를 부탁할 때보다 꽃가루를 훨씬 적게 만들어도 되었습니다.

속씨식물의 꽃가루받이 방법이 결국 떼려야 뗄 수 없는 곤충과 식물의 의존관계를 만들어냈습니다. 사람들이 꽃시장에서 꽃을 고르듯, 중매 곤충은 들판에서 마음에 드는 꽃을 찾아갑니다. 꽃은 곤충을 유혹하기 위해 저마다의 방법으로 경쟁합니다. 피나물이나 애기똥풀처럼 꽃가루를 많이 만드는 건 기본이고, 달콤한 꽃꿀도 만듭니다. 꽃꿀은 생식기관이 아니라서 꽃가루받이하는 데 어떤 역할도 하지 않지만, 곤충을 불러들이는 데는 이것만 한 게 없습니다. 꽃꿀은 어디에서 나올까요? 오래전부터 지구에 서식했던 양치식물은 광합성을 해 달콤한 체관액을 꽤 생산할 수 있었는데, 속씨식물이 이런 기능을 어어 받아 꽃꿀을 만든 것으로 여겨집니다. 벚꽃 한 송이가 하루에 약 30밀리그램의 꽃꿀을 생산한다고 하니 놀랍습니다. 그렇다고 모든 꽃이 다 꽃꿀을 만드는 것은 아닙니다. 생식기관도 아닌 꽃꿀을 만들기 위해 식물들은 비축한 영양분을 많이 투자해야 합니다. 꽃의 입장에서는 적은 양의 꽃꿀로 곤충의 방문 빈도를 높이는 게 가장 경제적입니다. 방문 빈도가 높으면 꽃가루받이의 성공률도 높아지기 마련입니다. 물론 꽃꿀을 너무 적게 생산하면 중매 곤충이 아예 찾아오지 않을 테니, 식물은 운영의 묘를 잘 살려야 하지요.

어떻게 하면 중매 곤충을 효율적으로 불러 모을 수 있을까요? 같은 계절, 같은 장소에 꽃 피는 식물이 많다는 것은 식물의 입장에선 경쟁자가 많다는 얘기입니다. 그래서 식물은 어떻게든지 곤충의 관심을 끌 전략을 세웁니다. 우선 식물은 곤충이 좋아하는 색의 꽃을 피웁니다. 곤충은 색에 민감해 무성한 잎사귀 틈에 피어 있는 꽃도 잘 찾아냅니다. 그런데 곤충은 사람과 다르게 색을 인지합니다. 사람은 380~770nm 파장, 즉 빨강부터 보라까지 볼 수 있는데, 곤충이 볼 수 있는 색의 범위는 주황에서 자외선까지입니다. 그중 곤충은 파란색과 노란색을 제일 좋아

파란색 꽃을 피우는 점현호색

합니다. 실제로 우리 주변에 피어난 많은 꽃이 노란색과 파란색을 띱니다. 물론 다른 색의 꽃도 있는데, 그 꽃에도 파란색과 노란색 파장이 많이 들어 있다고 합니다. 하지만 빨간색은 인식할 수 없습니다. 요즘 공원에 많이 심는 빨간 개양귀비꽃은 곤충의 눈에 검게만 보일 겁니다.

꽃 대부분은 사람이 볼 수 없는 자외선의 색도 지니고 있어 곤충만이 볼 수 있고 사람은 보지 못합니다. 특히 자외선 색은 수술과 암술 근처에 집중되어 강렬한 무늬를 만들어냅니다. 그 무늬를 '꿀 안내판honey guide'라고 합니다. 이 무늬는 곤충이 꽃에 정확하게 착륙하도록 도와주고, 식물의 종을 구별하게 도와줍니다.

보랏빛 얼레지꽃을 보세요. 꽃잎에는 선명한 보랏빛의 'W' 무늬가 대담하게 그려져 있습니다. 추상화처럼 아름

얼레지꽃에 보이는 W자 꿀 안내판

다운 무늬는 '이쪽으로 오면 먹을 게 많아요'라고 광고하는 꿀 안내판인데, 자외선 색을 띠고 있어 곤충의 시선을 강탈합니다. 꿀 안내판이 새겨진 꽃잎 안쪽의 수술엔 수천 개도 넘는 꽃가루가 붙어 있고, 꽃 한가운데에는 암술이 있습니다. 심지어 꽃의 가장 깊은 곳에는 꽃꿀까지 들어 있습니다. 이렇게 얼레지꽃은 중매 곤충을 유혹하려고 색깔로, 꽃의 크기로, 꽃가루로, 꽃꿀로 잔뜩 치장합니다.

식물은 향기에도 신경을 씁니다. 곤충은 더듬이로 그 향기를 맡을 수 있습니다. 사람들은 꽃으로 향수를 만들지만, 그 향기 또한 사람이 아닌 곤충을 위해 많은 비용을 투자해 만든 겁니다. 식물에 따라 달콤한 향기를 풍기는 꽃도 있고, 파리나 송장벌레를 불러들이기 위해 고약한 냄새를 풍기는 꽃도 있습니다.

많은 조건을 충족한 꽃을 피우려면 비용이 많이 들어가 식물은 허리가 휘어집니다. 그래도 중매 곤충을 만족시키려면 그런 것쯤은 감수해야 합니다. 식물의 간절한 노력에 화답하듯, 오늘도 많은 곤충이 자신들을 위해 어여쁘게 피어난 꽃들을 방문합니다.

곤충은 남의 발상을 넘본다

꿀벌이 사라지면 인류는 멸망한다

아마 우리 눈에 가장 많이 띄는 곤충을 꼽으라면 꿀벌이 일등일 겁니다. 개체 수로는 개미가 많을지 모르지만, 개미는 땅이나 나무 근처에 살다 보니 자유롭게 날아다니는 꿀벌에 비해 눈에 잘 띄지 않지요. 또한 꿀벌은 이른 봄부터 늦가을까지 활동해 쉽게 만날 수 있습니다. 집에 한 병 정도 가지고 있는 달콤한 꿀도 꿀벌의 흔적입니다. 그렇습니다. 꿀벌은 인류 역사에서 인간을 이 세상에 살아남을 수 있게 공헌한 최고의 조력자입니다. 아인슈타인 Albert Einstein도 이렇게 말했습니다.

> "꿀벌이 지구상에서 사라지면, 인간은 그로부터 4년 정도밖에 생존할 수 없을 것이다. 꿀벌이 없으면 꽃가루받이도 없고, 식물도 없고, 동물도 없고, 인간도 없다."

꼭 4년이 아니더라도 꿀벌이 멸종하면, 인류 역시 멸종의 길로 접어들 수 있다는 것을 경고한 말입니다. 그렇습니다. 식물은 한 발짝도 움직이지 못하기 때문에 암술과 수술이 만나 열매를 맺으려면 중매쟁이가 필요합니다. 많은 곤충 가운데 꿀벌은 식물의 번식을 돕는 유능한 중매쟁이입니다. 그 결과로 옥수수, 콩, 채소 등 인간이 먹는 농작물이 존재합니다. 실제로 농작물의 70퍼센트가 꿀벌의 수분으로 생산됩니다. 꿀벌이 사라지면 동물은 먹이 확보에 어려움을 겪을 것이고, 그 여파로 인류의 식량 조달에 빨간불이 켜질 게 뻔합니다. 굳이 인류의 멸망을 들먹이지 않더라도 꿀벌이 우리 식탁에 오르는 돼지고기나 소고기에 영향을 준다는 사실만으로도 꿀벌의 고마움을 느끼기에 충분합니다.

인간이 꿀벌에 관심을 가지기 시작했을 때는 기원전으로 거슬러 올라갈 만큼 유구합니다. 기원전 7000년경에 꿀벌이 그려진 벽화가 아프리카의 동굴에서 발견되었고, 기원전 3500년경에는 고대 이집트 사람들이 뗏목을 타고 꽃을 따라 나일강 상류에서 하류로 이동하면서 양봉했다고 합니다. 이후 유럽을 중심으로 양봉이 발달했지요.

우리나라에서도 2,000년여 전 고구려에 재래꿀벌이 들어왔으며, 이후 백제와 신라 등 주변 국가로 널리 퍼져 나갔습니다. 조선 시대에도 민가에서 재래꿀벌을 흔히 키웠는데, 김득신의 풍속도에 재래꿀벌 통이 나오기도 합니다. 현재 우리나라 곳곳에서 키우는 서양꿀벌(양봉꿀벌)은 1900년 초에 국내에 들어와 지금까지 번성하고 있습니다.

세계적으로도 지구에 사는 꿀벌의 종은 얼마 안 됩니다. 꿀벌의 족보는 벌목 > 꿀벌과 > 꿀벌속으로, 지금까지 알려진 꿀벌속에 속한 종은 달랑 9종입니다. 겨우 9종이 인류 흥망의 열쇠를 쥐고 있다니 놀랍기만 합니다. 그 9종 가운데 8종이 아시아에 분포하고. 유럽과 아프리카 대륙에는 서양꿀벌 단 1종만이 서식합니다. 우리나라에 살고 있는 꿀벌은 재래꿀벌과 서양꿀벌(양봉꿀벌) 2종뿐입니다.

꿀벌이 하는 일은 식물뿐만 아니라 동물의 생존을 책임질 만큼 대단히 중요합니다. 꿀벌과 꽃의 관계를 보면, 꽃은 꿀벌을 위해서 피어난 것 같고, 꿀벌은 꽃을 위해 태어난 것 같습니다. 꿀벌은 이 꽃 저 꽃을 옮겨 다니며 꽃가루와 꽃꿀을 모으다 우연히 몸에 묻은 꽃가루를 떨어뜨려 중매를 섭니다. 물론 꿀벌 말고도 꽃의 중매는 파리, 나비, 딱정벌레, 개미도 섭니다. 그러나 신체적으로나 생태적으로나 그 어떤 곤충도 꿀벌만큼 효율적으로 중매를 서지 못합니다. 세계적으로 모든 속씨식물 가운데 80퍼센트(약 17만 종)를 곤충이 중매를 서는데, 그중 약 85퍼센트를 꿀벌이 맡습니다. 특히 과일나무의 경우, 약 90퍼센트를 꿀벌이 책임진다고 합니다. 결국 식물의 번성은 단 9종의 꿀벌에 달려 있다고 해도 과언이 아닙니다.

꿀벌

꿀벌이 다른 곤충 경쟁자가 따라올 수 없을 만큼 번성하게 된 이유가 있습니다. 첫째, 신체적인 특징을 들 수 있습니다. 꿀벌은 꽃가루와 꽃꿀을 동시에 모을 수 있습니다. 다른 곤충에는 없는 능력입니다. 자신의 생명 연장을 위해 식사할 때 빼고는 온종일 꽃을 찾아다니며, 꽃꿀은 꿀주머니에 보관하고, 꽃가루는 몸에 난 털에 잔뜩 묻힙니다. 소화기관 일부에서 변형된 꿀주머니에 꽃꿀을 최대 40밀리그램까지 담아 집으로 가져갈 수 있습니다. 꿀벌의 무게가 90밀리그램이니 대단하지요. 또 꽃가루가 잘 달라붙도록 털 끝부분이 갈라져 있습니다. 털에 꽃가루가 어느 정도 모이면 6개의 다리로 꽃가루 경단을 만듭니다. 꿀벌들이 모은 꽃꿀과 꽃가루는 꿀벌 군락의 공동 소유입니다.

둘째, 꿀벌은 부지런합니다. 꿀벌은 이른 봄부터 늦가을까지, 아침부터 늦은 오후까지 쉴 새 없이 꽃을 들락거리며 꽃가루와 꽃꿀을 모읍니다. 꿀벌 한 마리가 하루 최대 3,000송이까지 방문할 수 있습니다. 그러니 하나의 벌집 군락에서 사는 꿀벌들은 하루 동안에 몇백만 송이의 꽃을 방문하는 건 일도 아닙니다. 그 어떤 꽃도 꿀벌의 방문하지 않은 상태에서 시드는 일은 없을 정도입니다.

셋째, 꿀벌에겐 끈끈한 가족애가 있습니다. 곤충 대부분의 생애주기는 1년입니다. 조직 생활을 하는 말벌도 1년밖에 살지 못해, 가을에 한살이가 끝나면 가족을 해체하고 여왕벌 후보만 겨울잠에 들어갑니다. 꿀벌은 집단이 사고를 당하지 않는 한 가족 집단이 오래 유지됩니다. 추운 겨울이 와도 집단을 유지한 채 월동에 들어갑니다.

넷째, 일벌의 이타적 사랑입니다. 일벌은 생물학적으로 여성이지만, 여왕물질의 영향으로 불임입니다. 마음씨가 착해 여왕벌이 낳은 동생을 아무 조건 없이 키웁니다. 벌 집에는 동생 애벌레가 매우 많은데, 동생들을 다 먹여 살리려면 꽃꿀과 꽃가루가 많이 필요합니다. 죽을 때까지 쉬지 않고 식량을 조달합니다. 결국 일벌 자신은 자손을 낳지 못하지만, 자신과 유전자를 일부 공유한 동생들을 극진히 키움으로써 자신의 대를 이어 나갈 수 있습니다.

그런 꿀벌이 지구에서 사라지고 있습니다. 2006년 겨울부터 2007년 봄까지 북반구 꿀벌의 4분의 1이 사라졌습니다. 북미와 유럽을 중심으로 벌어진 범지구적인 현상입니다. 이렇게 벌들이 집단으로 죽는 현상을 '군집붕괴현상'이라고 합니다. 그 원인은 확실치 않습니다. 각종 병균과 바이러스 감염, 살충제, 지구 온난화, 전자파 등을 원인으로 추정할 뿐입니다. 전자기장에 취약한 꿀벌이 전자파에 노출되어 길을 잃고 자신의 집으로 돌아오지 못해 결국 길에서 죽었거나, 지구 온난화로 날씨가 따뜻해져 겨울잠에 들지 않고 꽃꿀과 꽃가루 채집에 나섰다가 갑작스런 추위에 얼어 죽었다는 겁니다.

한 종의 종말은 필연적으로 다른 종의 종말로 이어집니다. 꿀벌은 자신들이 지구의 생태계를 좌지우지한다는 걸 상상이나 했을까요? 단순히 자신의 왕국을 번창시키기 위한 식량 확보가 지구의 생태계 전반을 건강하게 유지시키고 있었다는 사실을 정작 꿀벌 본인은 모를 겁니다. 가끔 살충제 세례를 맞고 비실거리며 죽어가는 꿀벌을 봅니다. 지구 생태계 문제를 논하기에 앞서, 생활 속의 작은 배려부터 시작할 때입니다. 살충제와 제초제를 덜 뿌리고, 빈 땅에 꽃 피는 식물을 한 포기라도 더 심으며, 자연과 더불어 사는 연습을 해야 할 때입니다. 꿀벌을 지키는 일은 곧 우리 인류를 지키는 일입니다.

나를 오해하지 않으면 좋겠어

이십 대 중반부터 마흔 살까지 십수 년 동안 집에 들어앉아 아들 둘을 키우며 전업주부로 살았습니다. 유능한 주부와는 거리가 멀어 살림살이가 서툴렀는데, 그래도 음식은 사 먹지 않고 거의 집밥을 해 먹었습니다. 음식 솜씨가 젬병이라 맛이 그리 좋지 못했을 텐데, 식구들이 잘 먹어줘서 고마웠습니다. 생각해보면 고문이었겠다 싶기도 합니다. 그러다 곤충계에 입문하면서 아예 살림살이에서 손을 떼, 뭐 하나 잘하는 집안일이 없습니다. 새로 접어든 학문의 길에서 매진하느라 다른 일은 돌아볼 여유가 없었기 때문입니다. 몸 하나로 공부와 집안 살림을 병행하는 건 현실적으로 불가능했습니다. '둘 다 잘한다'와 '둘 다 못한다'가 다르지 않은 말인 것을, 원더우먼은 존재하지 않는다는 것을 그때 깨달았습니다.

바쁘다 보니 대형마트는 가지 않고, 살림살이에 필요한 모든 것은 그때그때 집 앞 슈퍼마켓에서 해결합니다. 20년 동안 한 슈퍼마켓에 다니다 보니, 슈퍼마켓 사장님이 정말 친절하게 대해줍니다. 그런데 어느 날 집에 있는 전자제품들이 죄다 낡고 맛이 가서 날을 잡고 가전제품 판매점으로 갔습니다. 그때 판매점에서 이벤트를 진행하고 있어서 할인된 금액만큼 신용카드에 포인트를 적립해주었습니다. 여러 가전제품을 사다 보니 적립된 포인트가 많아 일 년 이상은 사용해야 할 것 같았습니다. 다행히 적립금을 사용할 수 있는 대형 마트가 집 근처에 있었습니다. 그런데 예상치 못한 문제가 있었습니다. 대형 마트에서 장을 본 후 집에 오려면 단골 슈퍼마켓을 지나쳐야 했기 때문입니다. 장바구니를 든 채 슈퍼마켓 사장님과 마주칠 때면 미안해서 민망한 적이 한두 번이 아닙니다. 그래서 일부러 먼 길을 돌아 아파트 후문으로 다닙니다. 두 아들은 여전히 단골 슈퍼마켓을 가는데, 어느 날 사장님이 단단히 오해하고 있다고 전합니다. 단골이 어느 날 갑자기 왕래를 끊으면 유쾌하진 않겠지요. 그렇다고 미주알고주알 해명하는 것도 구차하긴 해서, 대형 마트에 가는 날은 늘 먼 길로 돌아옵니다. 친한 사람이든 안면만 튼 사람이든, 사람 사이에 일어난 오해는 여러 가지로 불편하게 합니다.

사람이 곤충에 대해 갖는 오해는 불편감을 넘어 공포와 혐오로 이어집니다. 물론 요즘은 반려곤충도 많이 키우고 곤충 애호가들도 늘어나고 있지만, 여전히 많은 사람이 곤충은 무조건 징그럽고 사람에게 해를 끼친다고 오해합니다. 알고 보면 이로움을 주는데도 말입니다.

귀뚜라미의 사촌 격인 꼽등이는 생김새부터 사람들의 불호입니다. 습하고 어두운 곳에 살아 몸 색깔은 거무칙칙하고, 등이 심하게 굽었으며, 다리는 괴기스럽게 기다랗고, 날개도 없습니다. 게다가 뒷다리가 알통처럼 불거져 시도 때도 툭툭 튀어 오릅니다. 제 몸길이의 3배 이상

길고 실처럼 가느다란 더듬이는 걸핏하면 휘휘 흔들어댑니다. 사람들은 그런 꼽등이를 보면 '끼아약' 비명을 지릅니다. 내 눈에 꼽등이는 그저 귀엽고 개성 넘치는 곤충입니다. 휘적휘적 휘두르는 기다란 더듬이는 마법을 부리는 것 같아 신비롭고, 통통 튀어 오를 때는 깜찍 발랄합니다.

꼽등이는 외모와 달리 순둥순둥합니다. 독도 없고, 사람을 물지도 않으며, 전염병을 옮기지도 않고, 사람들이 사랑하는 식물을 뜯어먹지도 않습니다. 되레 사람을 만나면 잔뜩 겁먹고 도망치기 바쁩니다. 꼽등이는 우리 주변에 널린 작은 생물의 사체나 음식쓰레기를 우리 눈에 띄지 않게 먹어 치웁니다. 생태계에 없어서는 안 될 훌륭한 환경미화원이지요. 꼽등이 덕에 우리는 산길이나 들길을 걸을 때, 작은 생물의 사체를 밟고 다니지 않아도 됩니다.

그럼에도 꼽등이에 대한 안 좋은 '썰'이 많습니다. 몇 년 전 청주의 한 초등학교 어린이 기자단이 꼽등이에 관해 취재하러 제 연구실에 찾아왔습니다. '꼽등이 괴담'이 진짜인지, 즉 꼽등이를 밟아 죽이면 연가시라는 기생충이 나와 사람 몸에 들어가는지, 살충제를 뿌려도 꼽등이는 죽지 않는지, 그렇다면 꼽등이를 어떻게 죽여야 하는지 등을 묻습니다.

"꼽등이는 뒷다리가 두꺼워서 잘 뛸 수 있지만, 사람의 키만큼 높이 뛰지는 못한단다."
"꼽등이가 뛰는 이유는 천적을 피해 도망쳐 살아남으려는 몸부림이야."

열점박이노린재 사체를 먹고 있는 꼽등이

"연가시는 꼽등이뿐만 아니라 곤충과 거미 같은 모든 절지동물에 기생해. 우리 같은 척추동물 몸에 들어오면 살지 못한단다."

"꼽등이는 우리 주변의 지저분한 음식물을 먹어 치우는 고마운 청소부야. 굳이 죽이지 않아도 가을철이면 알을 낳고 스스로 죽는단다."

꼽등이의 번식력은 무척 왕성하기 때문에 인류보다 먼저 지구에서 사라지지 않을 겁니다. 마음먹기가 힘들어서 그렇지, 꼽등이에 관한 오해를 풀고 우리와 함께 살아가야 할 하나의 생명체로 받아들인다면, 꼽등이와 마주쳤을 때 적어도 공포는 느끼지 않을 겁니다.

구더기는 꼽등이보다 더 큰 오해를 받습니다. 파리목 가문의 애벌레를 모두 통틀어 구더기라고 부릅니다. 다리도 없고 꿈틀꿈틀 움직이는 구더기를 보면 누구나 징그럽다고 눈을 질끈 감습니다. 구더기는 시체나 썩은 음식물을 먹고 살기 때문에 지저분함과 더러움의 상징입니다. 하지만 구더기는 사체를 짧은 시간 안에 먹어 치우는 사체 분해 전문가라서 생태계에서 아주 중요합니다. 모든 생물은 태어나면 죽습니다. 사체를 누군가 분해하지 않으면 지구는 죽음의 밭이 될지도 모릅니다. 다행히 파리와 구더기가 나서서 지구를 구합니다. 이를 분해해 다른 식물의 거름으로 되돌리는 일을 하니까요. 죽은 사람을 땅에 묻으면 백골로 변하는데, 그렇게 만든 장본인은 구더기입니다. 수천 마리의 구더기는 시체를 일주일 만에 분해할 수 있습니다. 그래서 법의학에서는 구더기를 이용합니다. 시체에서 발견된 구더기를 자세히 분석해서 구더기의 나이를 알아낸 후, 처음 산란된 시점까지 역추적해 사망일을 밝혀냅니다. 만일 시체가 다 분해되어 구더기가 없다면, 시체 아래의 땅을 파서 파리의 번데기를 찾아내 사망 시간을 추정합니다.

돈을 벌어다 주는 구더기도 있습니다. 아메리카동애등에입니다. 이름처럼 고향은 아메리카 지역인데, 지금은 전 세계에 다 퍼져 있습니다. 우리나라에 어떤 경로로 들어왔는지 알 수는 없지만, 지금은 구더기 공장을 세워서 키울 만큼 대접받습니다. 어른벌레는 똥파리같이 길쭉하게 생겼는데, 아메리카동애등에 애벌레(구더기)는 기특하게 썩은 음식물이나 축산 폐기물을 잘 먹습니다. 그래서 아메리카동애등에 애벌레를 '환경 정화 곤충'이라 부릅니다. 실제로 구더기 5,000마리가 10킬로그램의 음식물 쓰레기를 사흘 만에 먹어 치우지요.

아메리카동애등에 사육실에서는 식당에서 가져온 음식물 쓰레기를 먹여 구더기를 키웁니다. 포동포동하게 자라면 구더기는 동물성 사료의 재료가 됩니다. 구더기에는 단백질과 칼슘이 많이 들어 있어 성장기 어린이와 골다공증에 걸리기 쉬운 노인에게 좋은 식품입니다. 또 동물의 면역력이나 영양 상태를 높여주는 사료로 이용되어 농가 소득을 올려줍니다. 동물성 사료는 일반 사료에 비해 매우 비싼 가격으로 판매되는데, 주로 양계장이나 양돈장, 양어장 등에서 이용합니다. 실제로 전라북도 김제지방에 아메리카동애등에 사육 공장이 있습니다. 음식물 쓰레기를 알아서 척척 먹어주지, 돈도 벌어주지, 알아서 스스로

사육되고 있는 아메리카동애등에 애벌레

날개 비벼 노래하는 베짱이

잘 크지, 영양가도 높지…, 아마 구더기 산업에 종사하는 사람들에게는 구더기가 더럽기는커녕 황금알을 낳는 거위처럼 보일 겁니다.

어릴 적 읽었던 동화 때문에 곤충에 대한 오해가 생기기도 합니다. 햇볕이 내리쬐는 여름에 개미는 하루도 쉬지 않고 땀을 뻘뻘 흘리며 식량을 나르지만, 베짱이는 날마다 나무 그늘에 앉아 놀며 지내다 추운 겨울에 식량이 없어 낭패를 본다는 〈개미와 베짱이〉가 가장 대표적입니다. 부지런히 앞날을 준비하자는 교훈을 주지요. 그런데 개미는 성실함의 상징이 되어 기분이 좋겠지만, 베짱이는 게으름의 상징으로 낙인찍혀 억울할 겁니다. 실제로 베짱이도 매우 부지런합니다. 한여름 풀숲에서 들려오는 베짱이의 노랫소리가 태평하게 들리겠지만, 사실 그 노랫소리에는 절박함이 담겨 있습니다. 그 노래는 수컷 베짱이가 자기 유전자를 남기기 위해 풀숲 어딘가에 숨어 있는 짝을 향해 애타게 부르는 구애 행동이지요. 짝짓기 임무를 마친 베짱이는 겨울이 오기 훨씬 전에 죽습니다.

며칠 전 집에서 30분 거리에 있는 화실을 다녀오는데, 더워도 너무 덥습니다. 아스팔트와 자동차에서 뿜어나오는 열기까지 더해져 도심이 펄펄 끓습니다. 말 그대로 날씨가 미친 것 같습니다. 뉴스를 보면, 우리나라뿐만 아니라 지구 전체가 몸살을 앓고 있습니다. 지구 곳곳에서 기상 이변이 속출해 그야말로 난리입니다. 전에 없던 엄청난 양의 폭우가 쏟아져 기록적 홍수가 발생한 곳이 있는가 하면, 기상 관측사상 가장 높은 기온으로 극심한 폭염에 시달리는 곳도 있으며, 대규모 산불, 산사태 등의 각종 기후적 재난이 자주 일어나고 있습니다. 기후 변화가 많은 사람의 입에 오르내린 지 오래이지만, 요즘만큼 자주 언급되는 적도 없는 것 같습니다. 최근에는 '기후 우울증'이란 말까지 등장했습니다. 잇따라 발생하는 기후 재난에 무력감과 절망을 느끼는 거지요.

기후 우울증을 사람만 느끼진 않을 터, 곤충도 기후 우울증을 겪고 있을지 모릅니다. 대기가 뜨겁게 달아오른 날, 한낮에 나가면 정작 풀밭에 있어야 할 곤충을 거의 찾아볼 수 없습니다. 펄펄 끓는 기후의 저주를 변온동물인 곤충이 견뎌낼 수 없기 때문입니다. 대신 지혜롭게도 곤충은 아침 시간을 이용합니다. 온도가 어느 정도 내려간 아침에 이슬이 걷히기 무섭게 슬며시 나와 밥 먹고 짝을 찾아 사랑을 나누고 알을 낳습니다.

기후 변화에 적응하는 곤충 하면, 단연 모기가 으뜸입니다. 지구 온난화로 기온이 높아지다 보니 이른 봄부터 늦가을까지 모기가 활동합니다. 활동 주기가 길어진 거지요. 모기는 흡혈하면서 말라리아, 뎅기열, 뇌염, 지카바이러스 같은 수많은 질병을 사람에게 옮길 수 있습니다. 그래서 모기와 사람은 영원한 원수지간입니다. 하지만 이런 모기의 번성에 기후 온난화와 생태계 파괴의 주범인 인간의 역할이 컸습니다. 게다가 인간은 살충제를 사방에 뿌려 모기뿐만 아니라 모기의 천적까지 죽음으로 내몰았지요. 최근 몇 년 동안 도심에 출몰했던 아무 죄 없는 러브버그, 대벌레 등의 뭇 생명도 살충제를 맞고 몰살당했습니다. 하지만 모기는 태생적으로 살충제 내성이 강해 계속 업그레이드되는 살충제에도 불구하고 계속 대를 이어나갈 수 있습니다. 기후 변화에 대처하는 능력과 살충제에 대한 내성을 모두 가진 거지요. 이미 생태계의 먹이 고리에 문제가 생긴 지는 오래입니다. 이대로 계속 가다간 모기를 비롯한 특정 곤충의 대발생은 불 보듯 뻔한 문제입니다.

기후 온난화와 생태계 파괴, 동식물의 멸종 및 특정 종의 대발생 등 모든 재앙은 인간중심주의에서 비롯되었습니다. 이는 인간이 지구의 최고 지배자이고, 모든 것은 인간을 위해 존재해야 하며, 모든 것을 인간 마음대로 할 수 있다는 지극히 이기적 생각이지요. 이러한 낡고 편협한 생각에 기반을 둔 행동들이 부메랑 되어 다시 인간에게 돌아오고 있습니다. 지구가 한계에 다다른 거지요. 마치 지구가 그동안의 인간이 저지른 과오를 비축해두었다가 한꺼번에 분노를 터뜨리는 것 같이, 급작스레 우리를 위기로 몰아넣고 있습니다. 사실 그러한 지구의 경고는 예전부터 있어왔지만, 인간은 이를 계속 무시했습니다. 이런 상황을 어떻게 바로잡을 수 있을까요? 어디서부터 시작해야 할까요? 곤충학자인 나는 그 시작점이 곤충을 자세히 살피고 곤충에게 관심을 갖는 일이라고 생각합니다. 인간 아닌 존재에게 눈길을 돌리는 일이지요.

단지 징그럽다는 이유로, 좋아하지 않는다는 이유로, 미물이라 업신여기며 곤충을 한 방에 제압하는 인간도 저 멀리 우주에서 보면 미물에 불과합니다. 곤충이나 사람이나 도긴개긴인 셈입니다. 이 책을 접하면서 우리의 영원한 이웃일 수밖에 없는 곤충을 예뻐하지는 못하더라도 있는 모습 그대로 바라만 봐주는 마음이 생겨나길 고대하고 또 고대합니다.